黄河三角洲演变与泥沙运动

拾 兵　王俊杰　柏 涛　高 枫

袁青云　程文龙　张芝永 ◎ 著

河海大学出版社

HOHAI UNIVERSITY PRESS

·南京·

图书在版编目(CIP)数据

黄河三角洲演变与泥沙运动 / 拾兵等著. -- 南京 ：
河海大学出版社，2024. 12. -- ISBN 978-7-5630-9509
-4

Ⅰ. TV152

中国国家版本馆 CIP 数据核字第 2024HB0558 号

书　　名	黄河三角洲演变与泥沙运动	
	HUANGHE SANJIAOZHOU YANBIAN YU NISHA YUNDONG	
书　　号	ISBN 978-7-5630-9509-4	
责任编辑	陈丽茹	
特约校对	李春英	
装帧设计	徐娟娟	
出版发行	河海大学出版社	
地　　址	南京市西康路 1 号(邮编:210098)	
网　　址	http://www.hhup.com	
电　　话	(025)83737852(总编室)　　(025)83722833(营销部)	
	(025)83787104(编辑室)	
经　　销	江苏省新华发行集团有限公司	
排　　版	南京布克文化发展有限公司	
印　　刷	苏州市古得堡数码印刷有限公司	
开　　本	718 毫米×1000 毫米　1/16	
印　　张	11.75	
字　　数	222 千字	
版　　次	2024 年 12 月第 1 版	
印　　次	2024 年 12 月第 1 次印刷	
定　　价	88.00 元	

前言 PREFACE

　　黄河三角洲位于渤海湾南岸和莱州湾西岸，地处 $117°31'\sim119°18'E$ 和 $36°55'\sim38°16'N$ 之间，主要分布于山东省的东营市和滨州市境内，面积约为 $5\,450\ km^2$，其中 $5\,200\ km^2$ 位于东营市境内。黄河三角洲是由古代、近代和现代三个三角洲组成的联合体，形成于黄河入海口处，泥沙不断沉积形成了潮汐河口冲积平原，造就了河海交融、"黄蓝交汇"的壮美风光。这里不仅是国家自然生态的重要保护区，也是东营市经济发展的重要区域。

　　在国家自然科学基金重点支持项目（联合基金 U2006227）"海洋动力对黄河三角洲地貌演变调控机制与岸滩稳定时间尺度研究"资助下，课题组开展了黄河流域来水来沙演变、河口泥沙运动特性、海洋动力及人为干扰对河口三角洲地形地貌变迁和岸滩稳定的影响研究，我们将主要研究成果汇集成书，以供关注黄河三角洲岸滩演变和生态保护的国内外同行、研究人员及行政管理人员参考。

　　本书由课题主持人拾兵教授组稿，其中"1 绪论"由拾兵撰写；"2 黄河口泥沙沉降试验研究"由拾兵撰写，研究生陈柏文参与了物理模型试验和材料整理分析；"3 黄河入海水沙通量变化及成因机制"由王俊杰撰写；"4 海岸线演变与驱动机制"由袁青云撰写；"5 黄河口河海一体化三维水沙耦合模型"由高枫、程文龙、张芝永撰写；"6 调水调沙对岸滩演变的影响"由柏涛撰写。

　　本书所涵盖的研究成果因涉及的自然因素和人为干扰因素十分复杂，尚需进一步实践检验，部分泥沙物理试验和数值模拟成果仍需深入探讨。书中不当之处，敬请读者批评指正！

作　者

2024 年 11 月于青岛

目录 CONTENTS

1

绪论

潮汐河口是一个复杂的动力系统,河口三角洲则是陆海动力耦合作用的泥沙冲积体。黄河三角洲自 1855 年黄河在铜瓦厢决口夺大清河复归渤海以来,已在山东省利津县以下冲积形成了广阔的河口平原。它北到徒骇河口,南到小清河口,呈扇状,面积约 5 450 km²。由于黄河含沙量高,年输沙量大,受水海域浅,入海流路基本按照淤积→延伸→抬高→摆动→改道的规律不断演变,使黄河三角洲陆地面积不断扩大,海岸线向海不断推进,历经 160 余年,逐渐冲淤演变成现代黄河口的地形地貌形态。近年来,黄河入海水沙量锐减,利津站由多年(1950—2000 年)平均入海水量 335 亿 m³、沙量 8.49 亿 t 锐减至(2002—2013 年)年均 184.24 亿 m³、1.598 亿 t。针对黄河三角洲流路浅槽浅滩、易徙易变之特性,国内外学者进行了大量研究,并取得了一些最新研究成果[1-4];但黄河三角洲入海水沙过程异常、海洋动力逐渐增强,也形成了尾闾河道平滩流量急剧减小,河槽淤积萎缩严重,洪水出险加剧,小洪水条件下即可形成大范围漫滩之忧患。

地处黄河三角洲的东营市和孤东油田,其建设与发展的前提是黄河口的稳定,而黄河口的稳定决定于黄河口入海处黄河动力与海动力的矛盾状况。在黄河口,黄河动力与海动力是一对矛盾,主要矛盾方面是海动力[5]。

故着力开展海洋动力对黄河三角洲地形地貌演变的调控机制与岸滩稳定时间尺度研究,不仅能丰富"河口海岸动力学"的研究内容,而且对于未来东营市城镇化建设布局与滨海生态经济发展、三角洲湿地保护、河口系统健康生命维持,以及侵蚀海岸带修复均具有重大的现实意义。

1.1 黄河口水沙动力环境研究进展

黄河口沙多水少,感潮河段较短,海洋动力环境复杂多变。早期,针对黄河口动力条件的研究主要通过分析观测资料,如李泽刚[6]基于观测资料,利用调和分析的方法对黄河口的潮流特性和水文分布做了详尽的研究;侍茂崇和赵进平[7]分析了观测资料,指出黄河口半日潮无潮区是一条带,而不只是一个点。随着观测手段和研究方法的进步,黄河口水动力环境的研究得到了发展。李广雪等[8]首次提出在黄河口区存在明显潮流切变锋的现象。Li 等[9]基于实测数据和卫星遥感资料进一步探究了潮流切变锋的基本特征、产生原因和运动规律。胡春宏等[10]系统研究了黄河口水沙运动的基本规律;王厚杰等[11]和 Qiao 等[12]采用数值模拟的方法对黄河口的潮流、环流、羽状流、切变锋等进行了详细的探讨,揭示了切变锋的时空运动过程及其影响因子。陈志娟、拾兵、韩艳[13]利用SMS 模拟了黄河口改道北汊口前后的周边潮流场、泥沙淤积范围、淤积厚度的分布情况;同时,也证明了切变锋对河口泥沙扩散产生的阻滞影响。高佳等[14]对黄河口海域的潮汐、潮流、余流、切变锋进行了高分辨率数值模拟,指出潮流导致的欧拉余流在岬角两侧存在成对的涡旋,内落外涨型和内涨外落型切变锋在涨落潮过程中相互转换。王永刚等[15]根据黄河口 1972 年和 2002 年水深及岸线资料,建立了海域潮波数值模式,研究了黄河口及其邻近海域水深和岸线变化对该海区的潮波系统的显著影响。

肖合辉等[16]建立了悬浮体浓度(SSC)与反射率强度的反演模型,反演了渤黄海海域表层悬浮体的月均分布。综合现场实测数据和遥感反演结果,研究渤黄海海域悬浮体的季节性变化特征,分析渤黄海海域主要断面的悬浮体扩散通量。结果表明,渤黄海海域表层悬浮体浓度高值区主要分布在黄河口莱州湾及渤海湾附近沿岸海域、山东半岛沿岸、苏北浅滩至长江口一带、罗州群岛附近海域以及沿岸其他小河流入海口。在冬季,黄河三角洲沿岸、山东半岛沿岸以及苏北海岸等区域在强动力作用下的再悬浮成为海域悬浮体的主要来源。黄河三角洲沿岸再悬浮的沉积物通过渤海海峡的南端输入北黄海,在沿岸流的作用下悬浮体输送通量沿程增大,经过成山头海域后转向南输送,输送通量沿程减少,沉积物在黄海中部泥质沉积区汇聚。沉积动力的分析结果显示,冬春季节在山东半岛区域形成的混合锋面对悬浮体的输运路径有重要的影响。

邢国攀等[17]基于 1976 年黄河三角洲实测水深数据和汛期水沙数据,采用EFDC 三维数值模式对刁口河河口泥沙沉积动力过程进行了数值模拟研究;模拟结果表明,刁口河口的羽状流和异重流的时空分布具有显著的潮周期变化特征。受与岸线平行的涨落潮流作用,表层羽状流的侧向摆动幅度较大,河口羽状流输沙主要平行于岸线方向,跨等深线的泥沙输运受到限制。汛期黄河入海的高浓度泥沙在刁口河口形成潜没的异重流,在底层沿河口轴线向北输运泥沙至三角洲前缘区域,泥沙输运通量比表层羽状流的输送通量高出一个数量级,且随着离岸距离的增大而呈指数形式快速衰减。随着水深增大,单宽泥沙通量的衰减速率逐渐减小。计算结果显示,由于汛期高浓度泥沙入海,刁口河口的异重流稳定存在,导致约 75% 的入海泥沙沉积在 10 m 水深以浅的区域,25% 的入海泥沙淤积在三角洲前缘外侧,异重流过程对汛期刁口河口泥沙向深水区输运和沉积具有控制作用。

金群昊等[18] 采用三维数值模型对垦东 12 区块海域流场变化、悬浮泥沙浓度分布进行了潮流周期内的数值模拟分析。研究结果表明,进海路修建后截断了现行清 8 汊河河口南侧的沿岸流通道,阻隔了入海径流和泥沙由现行河口的向南传输,导致河口入海泥沙在现行河口南侧沙嘴与进海路之间的区域快速淤积;同时,废弃的清水沟河口由于缺乏泥沙供应,海岸侵蚀加剧。龚雪雷、姬泓宇、李鹏等[19] 基于 Landsat 系列遥感影像和多期测深数据,分析了 1992—2020 年黄河三角洲岸线和地形变化,并采用 TELEMAC-2D 建立了多套覆盖整个渤海的数值模型,研究了地貌演变对黄河三角洲邻近海域潮汐动力的影响及其沉积效应。结果表明,黄河三角洲近岸冲淤格局呈现显著的时空异质性,分布多个淤积和侵蚀中心,且 2000—2020 年南侧老清水沟外侵蚀中心向南移动 9.6 km,1992—2015 年北侧刁口河口外侵蚀中心东移 6.4 km。中长时间尺度黄河三角洲岸线和地形变化主导了潮汐动态,三角洲北部刁口河口近岸潮差减小,清水沟河口外潮差增大,5 m 水深处的潮差变化增大幅度达 0.27 m;黄河口近岸 K_1 分潮振幅显著增加,M_2 分潮振幅明显减小,东营港附近无潮点向东迁移 3.8 km。刁口河口和老河口外高流速区持续减弱,现行河口外逐渐发育形成另一高流速区,持续稳定的高流速区造成了水下三角洲的冲刷,南北侧高流速区沉积物粗化。于雾怀、介冬梅、李平[20] 采集了黄河三角洲表层沉积物样品 219 个,先采用粒度分析方法分析了现代黄河三角洲沉积物的粒度特征以及沉积物来源,然后采用参数端元模型分析方法对沉积物的物质来源进行了划分,最后采用聚类分析方法分析了表层沉积物类型。研究表明:现代黄河三角洲沉积物粒度组成以粉砂(体积分数 71.10%)和砂(体积分数 27.62%)为主,大部分沉积物粒度分选中等,粒度分布曲线呈近对称分布。沉积物划分为 EM1、EM2、EM3 三个沉积端元,分别代表三种不同物质来源,其中 EM1 代表旧河流沉积作用,EM2 代表海洋潮流沉积作用,EM3 代表现黄河河流沉积作用。将表层沉积物分成三种沉积物类型,结合聚类分析结果将黄河三角洲分为三类沉积环境。第一类主要分布在黄河三角洲西部河流的中上游,包括马新河、沾利河、草桥沟、挑河,主要为旧河流沉积,水动力较弱;第二类主要分布在刁口河、神仙沟、现黄河(清水沟)等东部河流,现黄河河流沉积作用较强;第三类主要分布在黄河三角洲北部沿岸及潮滩,受海洋潮流作用较强,海岸受到侵蚀。此外,人类活动对黄河三角洲岸线变化也产生了一定影响。

由此可见,黄河三角洲水沙动力复杂多变,同时,泥沙地区性特点比较明显,目前观测与数值模拟成果相对较多,而河口泥沙基本理论与多学科融合研究成果相对较少,泥沙运动的地区性特点并未充分展现。

1.2　黄河三角洲地形地貌与湿地变化研究进展

黄河三角洲地区地形地貌变化的研究主要开始于 20 世纪 80 年代。庞家珍和司书亨[21-23]、尹学良[24]、陈吉余等[25]、庄振业等[26]较为系统地介绍了黄河三角洲的历史变迁和演化,研究了黄河流路的变迁,指出自 1855 年黄河改道渤海后,共形成 8 个亚三角洲叶瓣,黄河平均摆动周期为 10～12 年,并研究了黄河入海泥沙的扩散范围、岸线演变、冲淤分布特征以及造陆的速率、面积等问题。秦蕴珊等[27-28]在渤海泥沙分布季节性变化特征的研究中,较为详细地描述了黄河口地区泥沙分布的特征,并指出影响其分布的最主要因素是径流和风,黄河输入渤海泥沙占渤海汇入泥沙的 90%,而 70% 都沉积在河口 15 km 范围内。随后,研究人员对于黄河入海泥沙沉积范围及其沉积比例进行了相关研究。庞重光、杨作升[29]通过对黄河口异重流的数值模拟,认为黄河口泥沙异重流的运动明显受潮相的控制。黄世光等[30-31]、孙效功等[32]、胡春宏等[33]、Li 等[34]给出了更加精细的结果。

在对黄河流路摆动及三角洲叶瓣演化规律有了具体的认识后,学者们逐步将地形演化的研究细化到泥沙冲淤分布规律,以及泥沙运动规律的研究中。李广雪[35]通过实测数据和遥感资料,研究了黄河口溯源冲淤作用、河口段入海泥沙扩散结构、水下三角洲沉积演化模式和河口沉积动力等重要问题,解释了黄河河道周期性摆动、黄河三角洲特有水下砂体的成因,描述了水下三角洲沉积中心的特征及其分布规律、沉积层序特征、工程不稳定性及其成因。陈沈良等[36-37]、鹿洪友和李广雪[38]、孙永福等[39]根据实测的水深地形、水文动力等资料,分别描述了各亚三角洲叶瓣的泥沙冲淤变化、海岸侵蚀过程,以及黄河三角洲滩浅海剖面的变化,并根据其机制和原理给出了人工防护建议。张士华和邓声贵[40]以数学模型法结合观测资料,描述了黄河三角洲沉积物输运及冲淤的总体格局,研究了水下三角洲冲淤演变过程及沉积物输运机制,指出风应力对泥沙运动有重要影响。李国胜等[41]通过 ECOMSED 模型,不考虑局部再悬浮作用,模拟了黄河入海悬沙扩散过程、通量及沉积过程,指出了泥沙扩散显著的季节变化性和年际相似性,并对扩散机制进行了解释。胡春宏等[42]、Wang 等[43]采用数值模型与实测资料分析相结合的方法,对黄河水沙空间分布、流路演变、黄河口潮流、潮汐特性、黄河口湿地发展,河口异重流的形成、发展与机制等问题进行了系统的研究,并在世界范围内与其他大河河口做了对比。陈建等[44]借助遥感(RS)和地理信息系统(GIS)等技术手段,对 1976 年、1986 年、2000 年和 2008 年的遥感数据进行了处理和分析,探讨了 1976 年以来现代黄河三角洲湿地的变化特征。结果表明:自 1976 年以来,现代黄河三角洲湿地总面积呈下降趋势,1976—2008 年湿地总面积减少了 8.5%,现代黄河三角洲典型湿地类型——芦苇湿地的面积也呈减少趋势,面积减少了 23.0%。洪佳等[45]以 Landsat 卫星 1973—2013 年40 年的 9 期影像为数据源,在分析研究区景观特征的基础上,构建了能够反映黄河三角洲地区景观湿地化和人工化状态的表面湿地-人工状态指数,定量分析了过去 40 年黄河三角洲湿地景观演变的驱动力及其空间差异。研究表明:(1) 过去 40 年来,黄河三角洲自然湿地面积不断萎缩,人工湿地增加,湿地总面积减小,黄河三角洲整体上呈现出人工化或湿地退化趋势;同时也存在明显的空间异质性:滨海地区以人工化和湿地退化趋势为主,黄河入海口地区以湿地化趋势为主。(2) 黄河三角洲湿地景观的人工化或湿地退化趋势是过去 40 年来黄河水沙减少、人类活动加剧共同作用的结果。在区域尺度上,人类社会经济活动对黄河三角洲湿地景观演变起主导作用,黄河径流量和输沙量的作用明显弱于社会经济因素。宗敏、王光镇[46]基于 1976—2015 年黄河三角洲 27 期遥感影像和 1:10 万地形图,通过目视解译获得人工沟渠(农业沟渠和道路沟渠)数据,定量分析了人工沟渠的时空演变过程及驱动机制。

综上,黄河三角洲的水沙动力过程存在一定的循环周期,地貌与湿地变化的滞后响应与这一周期有关,短时段或不等距周期的研究成果,其规律性并不完整,故其岸滩稳定时间尺度与对应地貌形态空间分布尚需进一步研究。

1.3 黄河口沉积动力研究进展

黄河口沉积动力机制及过程的研究始于 1985 年中外科学家联合对黄河口

展开的一系列科学调查,Prior 等[47]、Wright 等[48]、Li 等[49]、Wang 等[50]研究结果显示,黄河口入海淡水及泥沙以异轻、异重羽状流两种层流形式扩散,大部分泥沙在异重流的作用下快速沉积在水下三角洲斜坡,小部分泥沙在黄河口切变锋的捕获作用下无法直接越过锋面而沉积在锋面以内的浅水区域,仅有非常少的一部分悬沙可以跨过锋面向海外传输。王厚杰等[51]认为切变锋是由于锋面两侧水动力特征差异显著而导致的水流剪切界面,在锋面附近水流速度、含沙量以及温度、盐度等存在很强的梯度,是一种瞬时的且与河口地形和局地动力环境密切关联的动力现象,切变锋对现行河口泥沙扩散影响重大。Wang 等[52]结合HEM-3D 模型和实测资料,进一步发展了原有的研究,在锋面移动方向上提出了相反的观点,同时研究了切变锋对泥沙的捕获作用。Bi 等[53]进一步研究了切变锋作用下的悬沙扩散现象和机制,并指出莱州湾西部的切变锋具有不同的成因,是由凸出的河口地形导致的流向转变形成的。张翼等[54]基于 1987 年黄河三角洲地区综合工程地质勘察钻孔资料,对整个现代黄河三角洲浅层沉积物的压实速率进行了模拟计算,结果表明当前浅层沉积物压实速率变化范围为0.18~9.07 mm/a,影响模拟沉积层的压实速率的主要因素为沉积物的初始孔隙比、压缩系数和平均沉积速率,软土层应是浅沉积地层压实沉降的主要贡献层。袁萍等[55]基于近期在黄河三角洲附近海域采集的 97 个表层沉积物样品的粒度测试结果,研究了黄河三角洲海域表层沉积物的类型和空间分布特征,探讨了沉积物粒度分布特征与物源和沉积动力环境之间的关系。研究结果表明,研究区表层沉积物类型以砂质粉砂和粉砂为主。现行河口三角洲叶瓣周围的表层沉积物以砂质粉砂为主,粒度较粗;而在远离河口的区域表层沉积物以粉砂为主,粒度较细。与 20 世纪 80 年代的观测结果相比,受物源供应和沉积环境的共同影响,近期黄河三角洲沿岸的表层沉积物有粗化的趋势,且河口口门区域表层沉积物粗化趋势最为明显。表层沉积物粒度粗化的主要原因是黄河入海泥沙供应不足,导致三角洲沿岸侵蚀加剧;黄河调水调沙以来入海泥沙的粒度变粗,粗颗粒组分在河口口门附近快速堆积。黄河水下三角洲现代沉积速率的分布特征表明,黄河入海沉积物主要在现行河口及三角洲的近岸区域沉积,在 15 m 水深以内的区域沉积速率较低。粗颗粒沉积物在现行河口三角洲叶瓣的堆积范围与潮流切变锋的位置基本一致,反映了物源供应和沉积动力环境对研究区表层沉积物分布特征的控制性影响。Jiang 等[56]探讨了在气候变化和人类活动影响下黄河口的地形演变过程,细分为快速、中速、慢速三个时期,并依据多年水文数据,分析了地形变化所导致的径流以及泥沙量的迅速下降情况。

由于现代黄河三角洲潮间带在黄河河道变迁和岸线冲刷-堆积作用下处于

不连续沉积状态,中间经历了沉积、侵蚀、再沉积等一系列动力过程或循环往复,具有可观的沉积物交换量,其沉积速率或侵蚀速率具有时间和空间变化特征,需要更加深入的理论和技术方法的研究。

1.4 调水调沙对黄河口演变影响的研究进展

自 20 世纪 80 年代以来,由于黄河流域内的人类活动和降水变化,黄河水沙持续减少,水沙条件的改变会对河口的水动力、沉积动力、地貌演变以及生态环境产生重要影响。Yang 等[57]利用利津站自 1950 至 1997 年的年均水沙数据对黄河水沙持续减少的情况进行了研究,认为黄河入海水沙自 20 世纪 70 年代开始逐步减少,并指出近些年来黄河流域降水的减少和人类沿黄取水的增加可能是引起水沙减少的原因;而位于上游的水利工程虽然会对径流产生影响,但并不是水沙持续减少的主要原因。彭俊等[58]使用统计学方法对于利津水文站 1950 年至 2007 年的减水减沙数据和水沙实测数据进行了分析,发现水沙减少量的年际变化剧烈,认为人类活动是导致入海水沙减少的主要原因。姚文艺等[59]基于黄河不同支流的水文泥沙定位观测资料研究了 1997 年至 2006 年的黄河水沙变化情况,指出在不同的区域,降雨变化和人类活动对黄河水沙所产生的影响差异较大,无法笼统地断定引起黄河水沙持续减少的主要原因。

2002 年 7 月,黄河首次调水调沙试验正式实施。黄河调水调沙是在充分考虑河道输沙能力的情况下,通过水库联合调度,适时泄放或蓄存水沙,对黄河天然水沙过程进行有效调节和控制的过程。李国英[60]就调水调沙的技术及其环境效应进行了研究,具体分析了黄河调水调沙的理论试验过程、生产运行情况以及调水调沙所取得的效果。

至今,黄河水利委员会已经开展了 23 次调水调沙试验,调水调沙工程极大地缓解了黄河口严峻的防洪形势,遏制了黄河口生态环境持续恶化的趋势,获得了明显的经济和生态效益。黄河调水调沙通过人造洪峰对下游河道甚至全线实现冲刷,含沙水流势必会对河口的动力过程以及河口的生态环境产生影响。一些学者开展了相关研究,张建华等[61]评价了黄河调水调沙试验影响下河口的形态变化。王开荣[62]就黄河调水调沙对河口及其三角洲的影响进行了评价。王厚杰等[51]对黄河调水调沙期间河口入海主流的快速摆动进行了描述,并指出入海泥沙在拦门沙区域不断沉积,所形成的拦门沙群是导致入海主流路在较短时间内发生大幅度摆动的原因。毕乃双[63]对黄河调水调沙期间黄河入海悬浮泥沙的扩散与通量进行了统计,并分析了其季节性变化特征。姚庆祯等[64]利用黄河利津站对营养盐的月际观测结果,分析了调水调沙对黄河下游营养盐变化规律的影响。刘锋等[65]基于观测资料,给出了黄河 2009 年调水调沙期间的河口水动力及悬沙输移变化特征。王玉成[66]对于黄河调水影响下的河口区盐度分布进行了观测,并建立了地形简化的三维河口水动力模型,模拟了径流量剧变时冲淡水的发展。胡小雷等[67]以 2012 年 7 月调水调沙期间黄河口的水文资料为依据,研究了黄河口的海洋动力状况、冲淡水范围以及泥沙扩散机理。调水调沙期间径流量的剧增使得落潮流得到加强,涨潮流受到抑制,并且延长了黄河口外潮流切变锋的历时,使本就复杂的水动力条件变得更为复杂。

李松等[68]基于 1950—2013 年的黄河水文泥沙资料,系统研究了黄河实施调水调沙以来入海泥沙在通量、粒度组成和时间分布上的变化特征,揭示了调水调沙影响下黄河入海泥沙的变化趋势。在 2002 年黄河实施调水调沙以来,6—11 月平缓均衡的持续性高水沙量取代了调水调沙之前 7—10 月峰值尖瘦的汛期特征,汛期与非汛期差异减小,入海水沙通量的季节性特征显著改变。随着调水调沙的逐年实施,河床泥沙颗粒粗化,临界起动功率不断增大,而调水调沙期间的径流量峰值基本稳定,径流对下游河床冲刷效率不断降低,导致入海泥沙通量持续降低、泥沙颗粒变细。可以预见,黄河河口的淤积将会大大减缓,入海的泥沙将更多地沉积在远离河口的区域,维持河口三角洲叶瓣冲淤平衡的临界泥沙量将会加大。

龙跃等[69]基于 1986—2013 年的黄河水文泥沙资料,研究了黄河实施调水调沙以来入海泥沙在通量和粒度组成上的变化特征,揭示了调水调沙影响下黄河入海泥沙通量增加、悬沙粒径粗化的趋势。从 2002 年调水调沙实施后,现行黄河三角洲叶瓣由侵蚀转为淤积,现行河口处淤积明显,逐渐形成一个饱满的"楔子"。然而,随着调水调沙的持续冲刷,下游河床逐渐粗化,2006 年以后径流的冲刷效率不断降低,入海泥沙通量持续降低、悬沙粒径变细。若维持目前调水调沙流量不变,现行黄河三角洲叶瓣造陆速率将逐渐减缓,甚至可能出现蚀退。于永贵、石学法等[70]采用 2011 年、2012 年以及 2013 年调水调沙期间 3 期静止轨道海洋水色卫星(GOCI)数据对黄河口附近海域进行悬浮物浓度反演,提取了黄河口羽状流的逐时变化信息;通过黄河口水动力数值模拟以及风场、潮汐等实测数据分析,阐明了羽状流逐时变化的驱动机制。

目前有关黄河调水调沙的研究,主要针对调水调沙期间河口形态的变化、河口岸线的变迁、沉积动力过程的改变等,较少涉及调水调沙对黄河口水动力环境的改变和对河口物质输运的影响,海洋动力对调水调沙过程的调控机制鲜有研究。

由此可见,河口地形地貌演变是进入河口区的泥沙在河口各种自然动力和人为干扰因素作用下发生侵蚀、搬运和再沉积过程的综合结果,河口各种动力要素的特性及其相互矛盾抗争的过程,尤其是逐渐增强的海洋动力对河口地形地貌演变起着越来越大的制约性作用。

综上所述,对黄河三角洲的研究,在水动力环境、悬沙输移、动力沉积以及地貌演变等方面均取得了较多研究成果,但对泥沙的絮凝沉降、沉积物固结与再液化、混合床流变对海底地形地貌的影响、河口区沉积率和冲刷率时空分布的非均匀特征等内容研究不足;以往对黄河三角洲近岸动力沉积和地貌演变的研究多局限于河口口门区,而缺乏对渤海整个海域的风浪流作用下,黄河三角洲整体动力沉积、冲淤演变的时空变化及其动力机制与过程的系统研究。同时,黄河三角洲在陆相水沙动力过程逐渐弱化、海相动力过程逐渐增强条件下的动力调整与岸滩稳定时间尺度及其形态特征也是必须关注且迫切需要解决的重要科学问题。

主要参考文献

[1] 余欣,张原锋,于守兵,等. 黄河口演变与流路稳定综合治理研究[J]. 人民黄河,2018,40(3):1-6.

[2] 王开荣,杜小康,郑珊,等. 黄河河口及其流路系统的构成和稳定内涵[J]. 人民黄河,2018,40(8):30-35,47.

[3] 郑珊,吴保生,周云金,等. 黄河口清水沟河道的冲淤过程与模拟[J]. 水科学进展,2018,29(3):322-330.

[4] 张诗媛,夏军强,万占伟,等. 黄河口尾闾河道近 40 年河床断面及平面形态调整特点[J]. 水力发电学报,2019,38(1):63-74.

[5] 李殿魁. 坚持和发展以海动力"固住黄河口"的山东经验[J]. 山东经济战略研究,2018(10):17-21.

[6] 李泽刚. 黄河三角洲附近海域潮流分析[J]. 海洋通报,1984(5):12-16,36.

[7] 侍茂崇,赵进平. 黄河三角洲半日潮无潮区位置及水文特征分析[J]. 山东海洋学院学报:自然科学版,1985(S1):127-136.

[8] 李广雪,成国栋,魏合龙,等. 现代黄河口区流场切变带[J]. 科学通报,1994(10):928-932.

[9] Li G,Tang Z,Yue S,et al. Sedimentation in the shear front off the Yellow River mouth[J]. Continental shelf research,2001,21(6-7):607-625.

[10] 胡春宏,曹文洪. 黄河口水沙变异与调控 I ——黄河口水沙运动与演变基本规律[J].

泥沙研究,2003(5):1-8.

［11］王厚杰,杨作升,毕乃双,等.黄河口泥沙输运三维数值模拟Ⅰ——黄河口切变锋[J].泥沙研究,2006(2):1-9.

［12］Qiao L L,Bao X W,Wu D X,et al. Numerical study of generation of the tidal shear front off the Yellow River mouth[J]. Continental shelf research,2008,28(14):1782-1790.

［13］陈志娟,拾兵,韩艳.SMS在黄河口水流数值模拟中的应用[J].人民黄河,2008,30(8):47-49.

［14］高佳,陈学恩,于华明.黄河口海域潮汐、潮流、余流、切变锋数值模拟[J].中国海洋大学学报:自然科学版,2010(S1):41-48.

［15］王永刚,魏泽勋,方国洪,等.黄河口及其邻近海域水深和岸线变化对 M_2 分潮影响的数值研究[J].海洋科学进展,2014,32(2):141-147.

［16］肖合辉,王厚杰,毕乃双,等.渤黄海海域悬浮体季节性分布及主要运移路径[J].海洋地质与第四纪地质,2015,35(2):11-21.

［17］邢国攀,宋振杰,张勇,等.黄河钓口河口行水期泥沙输运过程的三维数值模拟[J].海洋地质与第四纪地质,2016,35(5):21-34.

［18］金群昊,程义吉,宋振杰,等.黄河口垦东12区块海域泥沙输运的数值模拟[J].海洋地质前沿,2016,32(7):51-56.

［19］龚雪雷,姬泓宇,李鹏,等.黄河三角洲近岸潮汐动力对地貌演变的响应及其沉积效应[J].海洋学报,2024,46(2):64-78.

［20］于霄怀,介冬梅,李平.现代黄河三角洲沉积物粒度特征及其来源[J].吉林大学学报(地球科学版),2024,54(4):1350-1361.

［21］庞家珍,司书亨.黄河河口演变——Ⅰ.近代历史变迁[J].海洋与湖沼,1979,10(2):136-141.

［22］庞家珍,司书亨.黄河河口演变Ⅱ.河口水文特征及泥沙淤积分布[J].海洋与湖沼,1980,11(4):295-305.

［23］庞家珍,司书亨.黄河河口演变Ⅲ.河口演变对黄河下游的影响[J].海洋与湖沼,1982,13(3):218-224.

［24］尹学良.黄河口的大型并汊改造[J].泥沙研究,1982(4):13-25.

［25］陈吉余,王宝灿,虞志英,等.中国海岸发育过程和演变规律[M].上海:上海科学技术出版社,1989.

［26］庄振业,许卫东.渤海南岸6000年来的岸线演变[J].青岛海洋大学学报:自然科学版,1991,21(2):99-110.

［27］秦蕴珊,李凡.渤海海水中悬浮体的研究[J].海洋学报,1982,4(2):191-200.

［28］秦蕴珊,赵一阳,赵松龄.渤海地质[M].北京:科学出版社,1985.

［29］庞重光,杨作升.黄河口泥沙异重流的数值模拟[J].青岛海洋大学学报:自然科学版,2001,31(5):762-768.

［30］黄世光,王志豪. 近代黄河三角洲海域泥沙的冲淤特征［J］. 泥沙研究,1990(2):13-22.

［31］黄世光. 黄河刁口流路泥沙冲淤及其演变特征［J］. 海岸工程,1991,10(3):10-24.

［32］孙效功,杨作升,陈彰榕. 现行黄河口海域泥沙冲淤的定量计算及其规律探讨［J］. 海洋学报,1993,15(1):129-136.

［33］胡春宏,吉祖稳,王涛. 黄河口海洋动力特性与泥沙的输移扩散［J］. 泥沙研究,1996(4):1-10.

［34］Li G,Wei H,Han Y,et al. Sedimentation in the Yellow River delta,part I:flow and suspended sediment structure in the upper distributary and the estuary［J］. Marine geology,1998,149(1):93-111.

［35］李广雪. 黄河入海泥沙扩散与河海相互作用［J］. 海洋地质与第四纪地质,1999,19(3):1-10.

［36］陈沈良,谷国传,吴桑云. 黄河三角洲风暴潮灾害及其防御对策［J］. 地理与地理信息科学,2007,23(3):100-104,112.

［37］陈沈良,张国安,陈小英,等. 黄河三角洲飞雁滩海岸的侵蚀及机理［J］. 海洋地质与第四纪地质,2005,25(3):9-14.

［38］鹿洪友,李广雪. 黄河三角洲埕岛地区近年海底冲淤规律及水深预测［J］. 长安大学学报:地球科学版,2003,25(1):57-61.

［39］孙永福,段焱,吴桑云,等. 黄河三角洲北部岸滩的侵蚀演变［J］. 海洋地质动态,2006,22(8):7-11.

［40］张士华,邓声贵. 黄河水下三角洲沉积物输运及海底冲淤研究［J］. 海洋科学进展,2004,22(2):184-192.

［41］李国胜,王海龙,董超. 黄河入海泥沙输运及沉积过程的数值模拟［J］. 地理学报,2005,60(5):707-716.

［42］胡春宏,曹文洪. 黄河口水沙变异与调控Ⅱ——黄河口治理方向与措施［J］. 泥沙研究,2003(5):9-14.

［43］Wang Y,Wang H,Bi N,et al. Numerical modeling of hyperpycnal flows in an idealized river mouth［J］. Estuarine,coastal and shelf science,2011,93(3):228-238.

［44］陈建,王世岩,毛战坡. 1976—2008 年黄河三角洲湿地变化的遥感监测［J］. 地理科学进展,2011,30(5):585-592.

［45］洪佳,卢晓宁,王玲玲. 1973—2013 年黄河三角洲湿地景观演变驱动力［J］. 生态学报,2016,36(4):924-935.

［46］宗敏,王光镇,韩广轩,等. 1976—2015 年黄河三角洲人工沟渠时空演变及驱动机制［J］. 鲁东大学学报:自然科学版,2017,33(1):68-75.

［47］Prior D B,Yang Z S,Bornhold B D,et al. Active slope failure,sediment collapse,and silt flows on the modern subaqueous Huanghe(Yellow River) delta［J］. Geo-marine letters,1986,6(2):85-95.

[48] Wright L D, Yang Z S, Bornhold B D, et al. Hyperpycnal plumes and plume fronts over the Huanghe(Yellow River) delta front[J]. Geo-marine letters, 1986, 6(2): 97-105.

[49] Li G, Wei H, Yue S, et al. Sedimentation in the Yellow River delta, part II: suspended sediment dispersal and deposition on the subaqueous delta[J]. Marine geology, 1998, 149(1-4): 113-131.

[50] Wang H, Yang Z, Li Y, et al. Dispersal pattern of suspended sediment in the shear frontal zone off the Huanghe(Yellow River) mouth[J]. Continental shelf research, 2007, 27(6): 854-871.

[51] 王厚杰, 杨作升, 毕乃双, 等. 2005 年黄河调水调沙期间河口入海主流的快速摆动[J]. 科学通报, 2005, 50(23): 2656-2662.

[52] Wang H, Yang Z, Bi N S, et al. Rapid shifts of the river plume pathway off the Huanghe (Yellow River) mouth in response to water-sediment regulation scheme in 2005[J]. Chinese science bulletin, 2005, 50(24): 2878-2884.

[53] Bi N, Yang Z, Wang H, et al. Sediment dispersion pattern off the present Huanghe (Yellow River) subdelta and its dynamic mechanism during normal river discharge period[J]. Estuarine, coastal and shelf science, 2010, 86(3): 352-362.

[54] 张翼, 黄海军, 刘艳霞, 等. 蒙特卡洛模型在现代黄河三角洲浅层沉积物压实速率模拟中的应用[J]. 海洋地质与第四纪地质, 2017, 37(2): 185-191.

[55] 袁萍, 毕乃双, 吴晓, 等. 现代黄河三角洲表层沉积物的空间分布特征[J]. 海洋地质与第四纪地质, 2016, 36(2): 49-57.

[56] Jiang C, Pan S, Chen S. Recent morphological changes of the Yellow River (Huanghe) submerged delta: causes and environmental implications[J]. Geomorphology, 2017, 293: 93-107.

[57] Yang Z S, Milliman J D, Galler J, et al. Yellow River's water and sediment discharge decreasing steadily[J]. Eos, Transactions American Geophysical Union, 1998, 79(48): 589-592.

[58] 彭俊, 陈沈良. 近 60 年黄河水沙变化过程及其对三角洲的影响[J]. 地理学报, 2009, 64(11): 1353-1362.

[59] 姚文艺, 冉大川, 陈江南. 黄河流域近期水沙变化及其趋势预测[J]. 水科学进展, 2013, 24(5): 607-616.

[60] 李国英. 基于水库群联合调度和人工扰动的黄河调水调沙[J]. 水利学报, 2006, 37(12): 1439-1446.

[61] 张建华, 徐丛亮, 高国勇. 2002 年黄河调水调沙试验河口形态变化[J]. 泥沙研究, 2004(5): 68-71.

[62] 王开荣. 黄河调水调沙对河口及其三角洲的影响和评价[J]. 泥沙研究, 2005(6): 29-33.

［63］毕乃双. 黄河三角洲毗邻海域悬浮泥沙扩散和季节性变化及冲淤效应［D］. 青岛：中国海洋大学，2009.

［64］姚庆祯，于志刚，王婷，等. 调水调沙对黄河下游营养盐变化规律的影响［J］. 环境科学，2009，30（12）：3534-3540.

［65］刘锋，陈沈良，周永东，等. 黄河2009年调水调沙期间河口水动力及悬沙输移变化特征［J］. 泥沙研究，2010（6）：1-8.

［66］王玉成. 黄河调水影响下河口区盐度分布的观测与模拟研究［D］. 青岛：中国海洋大学，2010.

［67］胡小雷，陈沈良，刘小喜，等. 2012年调水调沙期间黄河口水沙扩散途径及范围［J］. 泥沙研究，2014（3）：49-56.

［68］李松，王厚杰，张勇，等. 黄河在调水调沙影响下的入海泥沙通量和粒度的变化趋势［J］. 海洋地质前沿，2017，31（7）：21-27.

［69］龙跃，吴晓，毕乃双，等. 黄河调水调沙影响下的现行三角洲叶瓣冲淤演化格局［J］. 海洋地质前沿，2017，33（3）：7-11.

［70］于永贵，石学法，迟万清，等. 调水调沙期间黄河口羽状流的逐时变化［J］. 海洋地质与第四纪地质，2018，38（5）：41-51.

2

黄河口泥沙沉降
试验研究

2.1 黏性细颗粒泥沙絮凝沉降试验

黄河口泥沙沉降试验主要研究盐度、含沙量以及紊动剪切率对黏性细颗粒泥沙絮凝沉降的影响。试验基于课题组自主开发设计搭建的动水沉降试验平台,陈柏文[1]采用控制变量法,通过大量沉降试验得到了黄河口细颗粒泥沙在不同条件下的絮凝体粒径值,并利用修正后的 Winterwerp 紊流场沉速公式计算得到相应条件下的泥沙沉速。

2.1.1 试验仪器设备

黏性细颗粒泥沙絮凝沉降试验采用实验室自主设计开发的大型自动搅拌矩形沉降桶,如图 2-1 所示。其能实现温度、盐度以及紊动剪切强度的同时可控。

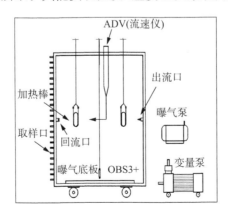

图 2-1(a)   矩形沉降桶示意图

图 2-1(b)　矩形沉降桶实物图

沉降桶由有机玻璃搭建而成,尺寸为:1.20 m(长)×0.45 m(宽)×1.63 m(高),内置温度计、水位计、OBS-3+浊度仪(量程 0~4 000 NTU)、可控型自动升温保温装置以及高压搅拌装置曝气泵等。试验前可通过曝气泵让高压气体从曝气底板四周逸出以充分搅拌含沙水体,试验时通过调节电机频率来控制沉降桶内方向流的大小以带动矩形沉降桶内的水体运动而形成稳定可控的水体紊动剪切强度。

(1)粒径级配测量装置:NKT100-L 激光粒度分析仪(图 2-2)属于干湿法

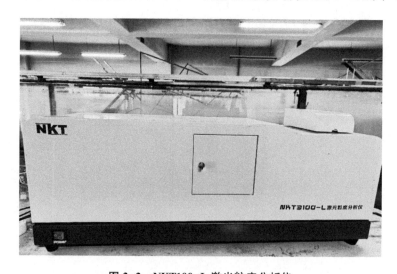

图 2-2　NKT100-L 激光粒度分析仪

全自动仪,采用国际最先进的米氏散射原理和会聚光傅里叶变换光路进行泥沙粒径测量。仪器量程0~500 μm,测量精度为±0.01 μm;超声功率0~100 W可调,可以根据试验不同样品的分散需求对泥沙粒径级配进行分析测量;且仪器具备 SOP 自编辑功能,可根据试验样品的不同进行 SOP 程序的编辑设定来获得不同状态下的黏性泥沙粒径级配。

(2)紊动剪切率(G)测量装置:Vectrino 高精度三点式流速仪(ADV)(图 2-3)。仪器采样输出频率高(200 Hz),流速测量范围广(0~4 m/s),测量精度为±0.1 mm/s;测量点范围位于中央发射点以下 5 cm,测量时利用 ADV 中间的传感器发射声波到指定待测物(传感器下 5 cm),并由 ADV 周围的感应器接受信号,流速仪内部自动计算并返回待测物流速。

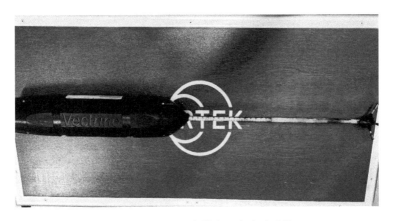

图 2-3　Vectrino 高精度三点式流速仪

电机频率与紊动剪切率(G)之间的相关关系可利用 ADV 率定试验得到。率定试验流程及结果如下:

率定试验开始时,调整电机频率至预设值,并将 ADV 位置调整至距沉降桶底部 20 cm 处,稳定 5 min 后开始记录测点处 X、Y、Z 三个方向的瞬时流速,持续 1 min,每个方向采集 1 000 个数据;利用采集到的数据计算三个方向(X、Y、Z)上的脉动流速和均方根流速进而得到电机频率预设值对应的紊动剪切率[2-3]。根据试验计划调整电机频率,重复上述过程,以得到不同电机频率下的紊动剪切率值。

图 2-4 为紊动剪切率与电机频率的拟合曲线($R^2=0.98$),根据拟合曲线可得絮凝沉降中预设紊动剪切率对应的电机频率,从而实现紊动剪切率的可控。

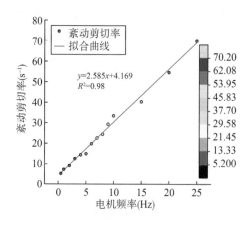

图 2-4　紊动剪切率 *G* 与电机频率关系

（3）悬沙浓度测量装置：OBS-3＋浊度仪（图 2-5），其具有体积小（140 mm×25 mm）、对水体和泥沙干扰程度小、受外部环境光和温度的影响小、测量精度高和测量范围广（量程 0～4 000 NTU）等优点。OBS-3＋浊度仪是基于红外光学传感器进行工作的，可以用来测量水体中固体悬浮物的浊度。其测量原理为：OBS-3＋浊度仪的红外光学传感器向测量水体发射一束近红外光，由于水体中的介质作用，近红外光会发生散射，OBS-3＋浊度仪通过接收由悬浮泥沙颗粒散射回来的红外光散射量来测量水体的浊度。根据红外光散射信号接收角度的不同，散射可分为透射、前向散射、90°散射和后向散射，一般来说，散射角在 15°～150°区间的红外光散射信号较为稳定，适宜作为试验校准散射角[4]。

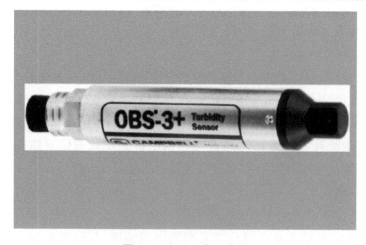

图 2-5　OBS-3＋浊度仪

根据 OBS-3＋的工作原理,对于不同组成成分以及粒径级配的沙样,OBS-3＋浊度仪的每个探头都应重新进行率定,以得到准确的泥沙浓度与浊度关系。试验配置泥沙浓度分别为 0 kg/m³、0.1 kg/m³、0.2 kg/m³、0.4 kg/m³、0.6 kg/m³、0.8 kg/m³、1 kg/m³、2 kg/m³、3 kg/m³、5 kg/m³、10 kg/m³、15 kg/m³、20 kg/m³ 和 25 kg/m³ 的水沙溶液,OBS-3＋浊度仪率定时在桶中放置一根磁力棒进行搅拌以保证率定期间泥沙浓度基本不变。图 2-6 为泥沙浓度(SSC)与浊度(NTU)的拟合曲线($R^2 = 0.99$)。

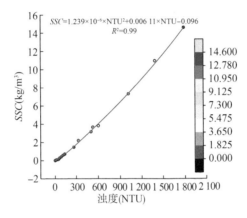

图 2-6　OBS-3＋浊度值与悬沙浓度关系

(4) 加热及保温装置(图 2-7):4 根 3 kW 的自动温控紫铜加热棒,紫铜管加热棒上附带高精度温控设备,温控范围为 -10 ℃～70 ℃,测量精度 ± 0.1 ℃,可实时监控并自动调节沉降桶内水体温度。

图 2-7　加热及保温装置

2.1.2　试验样品

本试验采用黄河口黏性细颗粒泥沙进行了以温度、盐度、含沙量以及紊动剪切率为影响因素的絮凝沉降试验研究。试验泥沙取自黄河口三角洲水域表层沉积物（图 2-8），取样点位置分别为 37°60'57″N、119°18'56″E，37°54'33″N、119°20'79″E 和 37°52'12″N、119°21'31″E，取样后将样品置于实验室中冷藏保存，避免泥沙样品性质发生改变，试验开始前将样品取出并在室温状态下放置。实验室采用激光粒度分析仪测得试验泥沙中值粒径分别为 20.64 μm、23.22 μm 和 21.93 μm，可取其平均中值粒径 $D_p = 21.93\ \mu m$，与黄河口多年泥沙颗粒中值粒径基本一致（20 μm），且其黏土（<4 μm）含量为 6.52%，粉砂（4～62 μm）含量为 80.23%，试验泥沙有明显的黏性特征，可用于泥沙絮凝沉降试验研究[5]，黄河口泥沙粒径级配如图 2-9 所示。

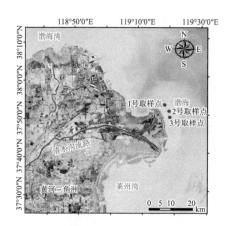

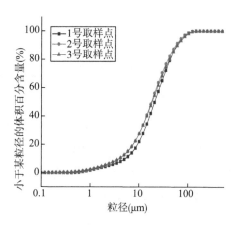

图 2-8　黄河口取样站点　　　　　图 2-9　初始泥沙粒径级配图

2.1.3　沉速计算方法

本研究采用修正后的 Winterwerp 紊流场公式进行泥沙絮凝沉速计算。Winterwerp 认为动水泥沙絮凝沉降可分为泥沙絮凝聚合和絮凝体破碎两个过程。

（1）在泥沙絮凝聚合过程，絮凝体粒径随时间的聚合速率可由下式表示：

$$\frac{\mathrm{d}D}{\mathrm{d}t} = k_A c G D^{4-n_f} \qquad (2-1)$$

式中：D 为絮凝体粒径，单位为 μm；k_A 为泥沙聚合系数，单位为 m^2/kg；c 为泥沙浓度，单位为 kg/m^3；G 为紊动剪切率，单位为 s^{-1}；而 n_f 为泥沙絮凝体的分形维数，为无量纲量。

（2）在絮凝体破碎过程，絮凝体粒径随时间的破碎速率可由下式表示：

$$\frac{\mathrm{d}D}{\mathrm{d}t} = -k_B G^{q+1}(D-D_p)^p D^{2q+1} \quad (2\text{-}2)$$

式中：k_B 为絮凝体破碎系数，单位为 $s^{1/2}/m^2$；p、q 为经验指数，无量纲量；D_p 为泥沙颗粒初始粒径，单位为 μm。

综上所述，动水条件下黏性细颗粒泥沙絮凝体粒径随时间变化的微分方程为：

$$\frac{\mathrm{d}D}{\mathrm{d}t} = k_A cGD^{4-n_f} - k_B G^{q+1}(D-D_p)^p D^{2q+1} \quad (2\text{-}3)$$

要求解絮凝体粒径 D，则必须对分形维数 n_f 以及经验指数 p、q 进行分析和确定。

①分形维数 n_f：在求解微分方程的过程中，Winterwerp 认为泥沙絮凝体的分形维数 n_f 是一个定值，并且根据以往试验将其取为 2。但诸多学者的研究表明，n_f 并不是一个确定常数，它会随着絮凝体粒径的增大而减小[6-7]，泥沙颗粒絮凝程度越高、粒径越大，分形维数也就会越小。一般来说，泥沙颗粒达到絮凝平衡时分形维数变化范围在 1.4～2.2 之间。因此，为得到更为准确的 n_f，基于激光粒度分析仪，本研究采用王国梁[8]的体积分形维数理论对泥沙絮凝体的分形维数 n_f 进行计算，计算公式为：

$$n_f = 3 - \frac{\lg\left[\dfrac{V(r<R_i)}{V_r}\right]}{\lg\dfrac{R_i}{R_{\max}}} \quad (2\text{-}4)$$

式中：V 为粒径 r 小于某一特征尺度 R_i 的土壤颗粒累计体积百分含量（%）；V_r 为土壤颗粒总体积百分含量（%）；$R_{\max}$ 为测量范围的最大粒径[9]。

②经验指数 p、q：Winterwerp 通过分析紊流能谱理论并结合以往试验数据指出，当絮凝体粒径超过 Kolmogorov 微尺度时紊动剪切率迅速增大，此时泥沙絮凝体破碎过程占据主导地位。因此，要满足絮凝平衡状态下 $D_p \ll D_e$、$\omega_{se} \propto D_e$，就必须有 $p+n_f-3=0$、$p+2q+n_f-3=1$，故 $p=3-n_f$、

$q = 1/2$。

因此，当絮凝过程达到平衡时$(\mathrm{d}D/\mathrm{d}t = 0)$，絮凝体平衡粒径$D_e$可由下式给出：

$$D_e = D_p + \sqrt[3-n_f]{\frac{k_A}{k_B}\frac{c}{\sqrt{G}}}D^{\frac{2-n_f}{3-n_f}} \tag{2-5}$$

式中，D_e为絮凝体平衡粒径，单位为$\mu\mathrm{m}$。

再将式(2-5)代入下式[10]：

$$\omega_s = \frac{\alpha}{18\beta}\frac{(\rho_s - \rho_w)}{\mu}gD_p^{3-n_f}\frac{D^{n_f-1}}{1+0.15Re^{0.687}} \tag{2-6}$$

可得修正分形维数后的絮凝体平衡沉降速度计算公式：

$$\omega_{se} = \frac{\alpha}{18\beta}\frac{(\rho_s - \rho_w)}{\mu}gD_e^{n_f-1}\left(D_e - \sqrt[3-n_f]{\frac{k_A}{k_B}\frac{c}{\sqrt{G}}}D^{\frac{2-n_f}{3-n_f}}\right)^{3-n_f} \tag{2-7}$$

式(2-6)、(2-7)中，α、β分别为泥沙颗粒的球形度系数，无量纲量；ω_s和ω_{se}分别为单个泥沙颗粒的沉降速度以及絮凝体平衡沉降速度，单位均为$\mathrm{mm/s}$；Re为水体雷诺数；k_A、k_B分别为泥沙聚合系数和絮凝体破碎系数，当泥沙絮凝达到平衡状态时，k_A/k_B的值可由式(2-3)求得。

综上所述，通过对絮凝平衡状态下的泥沙粒径、分形维数及初始泥沙颗粒粒径进行测量及计算，在已知泥沙浓度和紊动剪切率的条件下，根据式(2-7)，即可得到泥沙的絮凝体平衡沉降速度ω_{se}。

2.1.4　试验流程

本次试验流程如下：

(1) 配置试验预设泥沙浓度。向矩形沉降桶中注入自来水至液面高度约1.4 m，把黄河口三角洲水域的天然原状沙配置成试验所用沙样，并缓慢注入沉降桶中，与此同时，打开高压曝气泵，使沉降桶内水沙混合液得到充分混合；实时监控试验前ADV校准位置处OBS-3+浊度仪的水体浊度数据，直到水体浊度达到试验的预设值。

(2) 配置试验预设水体盐度。根据沉降桶内溶液的体积配置成目标盐度，利用搅拌设备来确保试验用盐与沉降桶内水沙混合液充分混合均匀，并采用多个盐度计实时监控沉降桶内各个位置的盐度，直至沉降桶内水体盐度达到稳定的试验预设值。

（3）设置试验预设水温。由于黄河流域洪枯季分明，黄河口 70% 以上的水沙来自夏季，为使试验更具代表性和实用性，本研究将温度设定为夏季黄河口平均水温 20 ℃[11]。当试验水温较低需要加热时，打开加热设备并将水温升高到预设值，同时监控充气搅拌设备工作以确保水体受热均匀。

（4）设置试验预设紊动剪切率。试验预设紊动剪切率可根据已校准的紊动剪切率与电机频率的关系获得，保持电机频率不变，同时关闭搅拌设备，5～10 min 后，开始进行沉降试验。

（5）进行絮凝沉降试验。停止搅拌 5 min 后，沉降桶内水体所受紊动作用相对稳定；利用 OBS-3＋浊度仪每隔 5 min 实时监控记录校准位置的水体浊度数据，维持预设电机频率 40～80 min 使泥沙达到该条件下的絮凝平衡状态，从沉降桶侧向取样口取样并利用激光粒度分析仪来测量平衡状态下的絮凝体粒径。改变含沙量、紊动剪切率和盐度，重复上述过程。

（6）计算絮凝体沉降速度。利用修正过的 Winterwerp 紊流场沉速计算公式，结合试验所测得的絮凝体粒径、分形维数以及初始泥沙粒径，可以得到不同条件下黄河口泥沙颗粒的沉降速度。

2.1.5 试验组次

本次试验为考虑温度（20±0.5 ℃）、盐度（$S=0$、5‰、7‰、11‰、13‰、15‰和 20‰）、含沙量（$SSC=2$ kg/m³、5 kg/m³、7 kg/m³、10 kg/m³、15 kg/m³）以及紊动剪切率（$G=5$ s⁻¹、15 s⁻¹、25 s⁻¹、35 s⁻¹、45 s⁻¹）共同作用下的黄河口黏性细颗粒泥沙絮凝沉降试验。试验共计 175 组，加上敏感区增设试验、预备试验以及重做的试验，总试验组次在 200 组以上。具体试验组次安排如表 2-1 所示。

表 2-1　试验组次安排表

试验组次	T(℃)	SSC(kg/m³)	盐度(‰)	G(s⁻¹)
A1～A35	20	2	0、5、7、11、13、15、20	5、15、25、35、45
B1～B35	20	5	0、5、7、11、13、15、20	5、15、25、35、45
C1～C35	20	7	0、5、7、11、13、15、20	5、15、25、35、45
D1～D35	20	10	0、5、7、11、13、15、20	5、15、25、35、45
E1～E35	20	15	0、5、7、11、13、15、20	5、15、25、35、45

2.2 试验现象

在低含沙量条件下($SSC=2\sim7 \text{ kg/m}^3$),随着盐度与紊动剪切率的增大,OBS-3+浊度仪监测的水体浊度值达到稳定状态所需的时间,呈现先减少后增加的趋势,沉降桶内泥沙沉降速度较快,沉降 25 min 后含沙水体已经呈现出一个较为透明的状态,可观察到明显的结构松软的絮凝体沉降过程,溶液胶状感明显,沉降桶底部出现泥沙沉积现象(图 2-10)。而在高含沙量条件下($SSC=10\sim15 \text{ kg/m}^3$),随着盐度与紊动剪切率的增大,OBS-3+浊度仪监测的水体浊度值达到稳定状态所需的时间,依然呈现先减少后增加的趋势,但泥沙絮凝沉降达到平衡的时间相对较长,沉降桶内水体较为浑浊,监测点泥沙浓度较高且维持时间较长,底部泥沙沉积现象较为明显,絮凝体粒径相对较小,絮凝程度不高(图 2-11)。某条件下泥沙絮凝体的粒径级配如图 2-12 所示,由图 2-12 可知,与初始泥沙粒径相比,絮凝体粒径有了明显的增大,部分泥沙颗粒粒径增大甚至达到了 100 μm,但絮凝体粒径级配分布更不均匀,某些粒径区间絮凝体颗粒占比相对较小,这可能与泥沙颗粒间随机碰撞絮凝聚合机制有关。

图 2-10 低含沙量沉降示意图

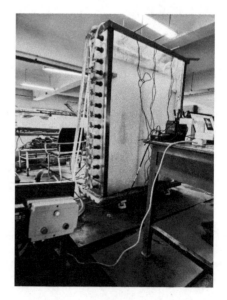

图 2-11 高含沙量沉降示意图

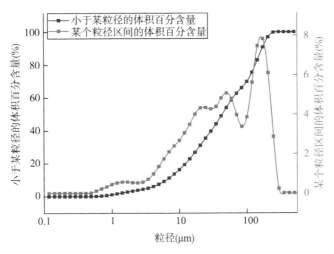

图 2-12　絮凝体粒径级配

2.3　泥沙浓度相对含量时程分析

泥沙浓度相对含量是指测量点某时刻泥沙浓度与初始泥沙浓度的比值，通过对不同时刻不同断面的水体泥沙浓度的测量，可得到不同时刻下泥沙的瞬时沉速以及对应断面的平均沉速[12]；同时对泥沙浓度的测量也是构建动水条件下三维泥沙扩散模型的重要前提。但沉降桶中频繁的仪器测点位置移动或过多的装置布设都会影响泥沙的自然絮凝沉降过程，因此本试验仅测量校准点处泥沙浓度，并把校准点某时刻泥沙浓度达到初始泥沙浓度 50% 的状态作为衡量泥沙絮凝沉降过程是否达到平衡的重要标准[13]。

试验共记录不同盐度、含沙量以及紊动剪切率条件下不同时刻测量点泥沙浓度数据 175 组。现以含沙量为 2 kg/m³ 的沉降桶中不同盐度（S）和紊动剪切率（G）条件下校准点泥沙浓度相对含量时程变化为代表进行分析（图 2-13、图 2-14）。

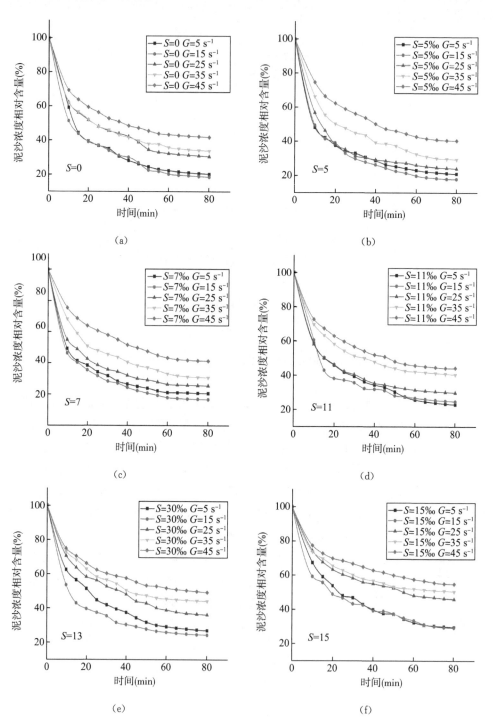

（a）

（b）

（c）

（d）

（e）

（f）

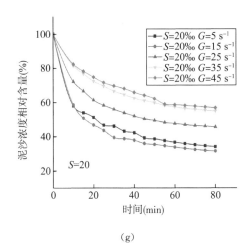

（g）

图 2-13 不同盐度下泥沙相对含量变化过程

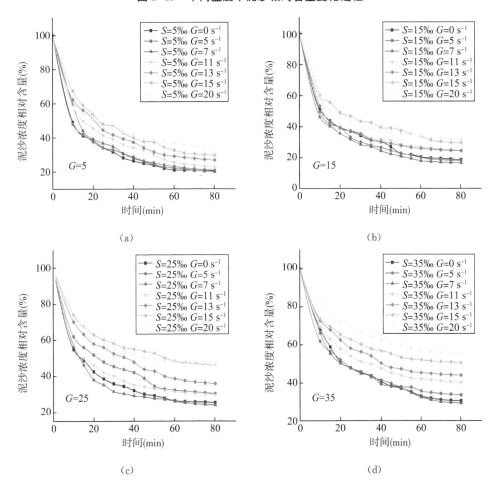

（a）

（b）

（c）

（d）

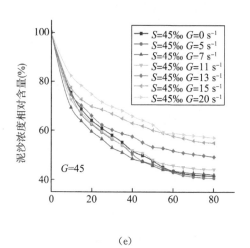

(e)

图 2-14   不同紊动剪切率下泥沙相对含量变化过程

由图 2-13、图 2-14 可知,以时间为轴的横向上,泥沙浓度相对含量在不同盐度和水体紊动剪切率下均随着时间的增大而呈抛物线或指数形式下降趋势,但不同时间段下降速率不同,按下降速率的快慢,本试验泥沙浓度的变化过程可分为以下三个阶段,依次为快速变化段(0～10 min)、缓慢变化段(10～60 min)和稳定段(60 min～)。这主要是因为试验开始的 0～10 min,沉降桶内主要是泥沙颗粒的分选沉降阶段,粒径较大的泥沙颗粒由于沉速较大而导致泥沙浓度相对含量快速下降,粒径较小符合絮凝条件的泥沙颗粒则在缓慢变化段(10～60 min)经历絮凝聚合与破碎过程、制约沉降过程而形成粒径更大但有效密度更小的絮凝体,沉降速度相对较小,泥沙浓度相对含量下降缓慢;而当泥沙絮凝沉降过程结束之后,泥沙浓度相对含量由于水体紊动以及布朗运动的存在会保持在一个相对稳定的值(60 min～)。

以泥沙浓度相对含量为轴的纵向来看,在盐度一定条件下:随着紊动剪切率(G)的增加,泥沙浓度相对含量的变化速率都呈现先增大后减小之趋势,紊动剪切率从 5 s^{-1} 到 15 s^{-1},泥沙浓度相对含量下降速率增大,增大幅度为 5%～13%,当紊动剪切率从 15 s^{-1} 逐渐增加到 45 s^{-1} 时,泥沙浓度相对含量下降速率减小,且紊动剪切率越大,减小的幅度越大,最大减小幅度为 80.19%。在紊动剪切率一定条件下,随着盐度的增加,泥沙浓度相对含量的变化速率也呈现出先增大后减小之趋势,盐度(S)从 0 到 7‰,下降速率增大,S 从 7‰到 20‰,下降速率减小。稳定段(60 min～)泥沙浓度相对含量与其在不同盐度和紊动剪切率条件下的下降速率相对应,下降速率越大,泥沙浓度相对含量也就越低。

由图 2-13、图 2-14 可知,低紊动剪切率、低盐度条件下,泥沙浓度相对含量下降速率相对较快,泥沙浓度相对含量达到 50％的时间基本在 20 min 以内,达到絮凝平衡的时间也相对较短,稳定段泥沙浓度相对含量较低;而高紊动剪切率、高盐度条件下,泥沙浓度相对含量下降速率相对较慢,泥沙浓度相对含量达到 50％的时间基本为 40～80 min,达到絮凝平衡的时间也较长,稳定段泥沙浓度相对含量较高。以上现象的主要原因是低紊动剪切率、低盐度条件下能够提高水中泥沙颗粒的碰撞频率、增大阳离子的浓度和减小泥沙颗粒间的静电斥力,从而促进絮凝,絮团粒径增大,泥沙沉降速度加快,泥沙浓度相对含量下降较快;而高紊动剪切率、高盐度条件下则会使结构不稳定的大颗粒絮凝体发生破碎,造成泥沙颗粒表面电势逆转而增大颗粒间的静电斥力,从而抑制絮凝体的发育,絮凝体粒径减小,泥沙沉降速度也随之减小,泥沙浓度相对含量下降较慢。

本研究共进行了 5 种不同含沙量条件下的絮凝沉降试验($SSC＝2$ kg/m³、5 kg/m³、7 kg/m³、10 kg/m³、15 kg/m³),不同含沙量试验中,沉降桶内泥沙浓度相对含量变化速率均随着紊动剪切率和盐度的增大呈现先增大后减小的变化趋势,但变化幅度各不相同。下面以各含沙量在盐度 $S＝7‰$、紊动剪切率 $G＝15$ s⁻¹ 条件下的泥沙浓度相对含量时程变化图(图 2-15)来简述含沙量对泥沙沉降的影响。

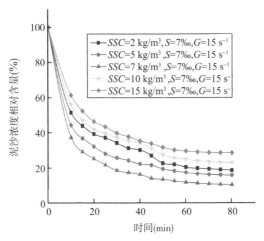

图 2-15 不同含沙量下泥沙浓度相对含量变化

由图 2-15 可知,随着含沙量的增大,泥沙浓度相对含量下降速率呈现出一个先增大后减小的过程:含沙量从 2 kg/m³ 到 7 kg/m³,下降速率增大,增大幅度为 16％～29％;含沙量从 7 kg/m³ 到 15 kg/m³,下降速率减小,减小幅度为 15％～39％。泥沙絮凝达到平衡状态时间相对较长,但泥沙浓度相对含量达到 50％的时间较短,基本都在 20 min 内。这主要是因为在低含沙量条件下,随着含沙量的增大泥沙颗粒间的碰撞频率增加,促进了颗粒间絮凝聚合过程,絮凝体粒径增大,泥沙浓度相对含量下降较快;但高浓度含沙水体中高频率泥沙颗粒碰撞会导致结构不稳定的絮凝体的破碎,絮凝体不仅无法发育成粒径更大的颗粒,而且自身会分散成更为稳定的小型分散态颗粒,因而泥沙沉速减小,泥沙浓度相对含量下降速率也会减小。

2.4 盐度、含沙量和紊动剪切率对黄河口泥沙絮凝沉降的影响

2.4.1 黄河口黏性泥沙絮凝沉降试验结果

试验共设计在不同盐度($S=0$、$5‰$、$7‰$、$11‰$、$13‰$、$15‰$、$20‰$)、含沙量($SSC=2\ \mathrm{kg/m^3}$、$5\ \mathrm{kg/m^3}$、$7\ \mathrm{kg/m^3}$、$10\ \mathrm{kg/m^3}$、$15\ \mathrm{kg/m^3}$)以及紊动剪切率($G=5\ \mathrm{s^{-1}}$、$15\ \mathrm{s^{-1}}$、$25\ \mathrm{s^{-1}}$、$35\ \mathrm{s^{-1}}$、$45\ \mathrm{s^{-1}}$)条件下的黏性细颗粒泥沙絮凝沉降组次175组,由于每组结果均是对絮凝体的粒径级配进行测量分析,因此对于絮凝体的粒径和沉降速度均使用中值粒径作为评价标准。

175组试验中,由激光粒度分析仪观测得到的絮凝体粒径分布范围在$18\sim230\ \mu m$之间,沉降速度为$0.2\sim3.03\ \mathrm{mm/s}$,絮凝体粒径与沉速均有着较广的分布范围。而由絮凝体中值粒径与沉降速度的关系(图2-16)可知,絮凝体中值粒径变化范围在$35\sim67\ \mu m$之间,对应沉降速度为$0.72\sim1.18\ \mathrm{mm/s}$,各组絮凝体中值粒径与沉降速度相对来说比较接近,变化幅度不大;相比于初始分散态泥沙颗粒($D_p=21.93\ \mu m$,$\omega_p=0.28\ \mathrm{mm/s}$),絮凝体粒径增大$70.35\%\sim219.77\%$,沉降速度增大$167.86\%\sim321.43\%$,沉降速度与絮凝体粒径呈现正相关关系。

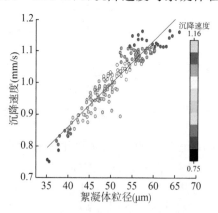

图 2-16　絮凝体中值粒径与沉降速度关系

絮凝体最大中值粒径为 65.96 μm，出现在含沙量 7 kg/m³、盐度 7‰、紊动剪切率 $G=15$ s⁻¹ 条件下；絮凝体最小中值粒径为 35.16 μm，对应絮凝沉降条件为含沙量 2 kg/m³、盐度 20‰、紊动剪切率 $G=45$ s⁻¹；絮凝体沉降速度最大值和最小值分别为 1.16 mm/s 和 0.75 mm/s，与絮凝体最大、最小中值粒径相对应。

不同含沙量下絮凝体有效密度与粒径之间的关系如图 2-17 所示。可以看到，本试验絮凝体有效密度变化范围为 552.76～1 178.23 kg/m³，均值为 775.89 kg/m³，絮凝体有效密度变化较大，跨越两个数量级，且与絮凝体中值粒径呈现负相关关系；随着含沙量浓度的增大，絮凝体有效密度呈现出一个先增大后减小的趋势，试验期间有效密度集中在 600～900 kg/m³。

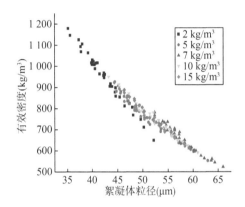

图 2-17 絮凝体有效密度与粒径关系

2.4.2 盐度对黄河口黏性泥沙絮凝沉降的影响

研究表明，水体中泥沙颗粒表面一般带负电荷，在静电力作用下呈现独特的双电层结构；而黄河口处于海洋与河流的盐淡水交汇区，水中阳离子种类较多，浓度较大且变化较快，极易与泥沙颗粒发生复杂的电化学反应而促进泥沙絮凝。为厘清盐度对黄河口泥沙絮凝沉降的作用机制，本研究采用黄河口原状泥沙，在不同盐度（$S=0$、5‰、7‰、11‰、13‰、15‰、20‰）条件下进行了 175 组试验（同一盐度下不同含沙量和紊动剪切率试验共 25 组）。

试验得到不同盐度（$S=0$、5‰、7‰、11‰、13‰、15‰、20‰）对泥沙絮凝的影响，如图 2-18、图 2-19 所示，图中红点线为絮凝体中值粒径、沉降速度随盐度变化的中值线，对应的絮凝体中值粒径中值与沉降速度中值分别为 48.71 μm、51.55 μm、54.64 μm、52.66 μm、52.15 μm、50.25 μm、48.96 μm 和 0.98 mm/s、1.03 mm/s、1.06 mm/s、1.05 mm/s、1.03 mm/s、1.01 mm/s、0.99 mm/s，其中

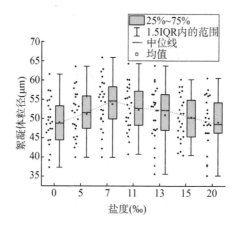

图 2-18 絮凝体中值粒径与盐度关系

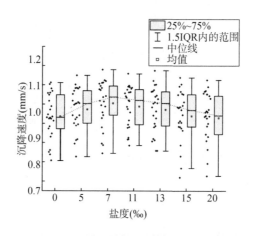

图 2-19 絮凝体沉降速度与盐度关系

IQR 为上、下两个四分位值之间的差,也就是箱式盒的长度。

由图 2-18、图 2-19 可知,盐水($S \neq 0$)中絮凝体中值粒径与沉降速度的中值均比淡水($S = 0$)条件下的要大,且絮凝体中值粒径和沉降速度整体上均随着盐度的增大而呈现先增大后减小的趋势:盐度 0~7‰,絮凝体中值粒径和沉降速度逐渐增大,基本呈线性增长;盐度 7‰~20‰,絮凝体中值粒径和沉降速度逐渐减小,但随着盐度的增加絮凝体中值粒径和沉速变化不大;在盐度 $S = 7‰$ 的位置出现了明显的絮凝体中值粒径与沉速大小转折点(絮凝体中值粒径以及沉速最大值均出现在盐度 $S = 7‰$ 处,分别为 65.96 μm 和 1.16 mm/s)。主要原因是:黏性泥沙颗粒表面带负电荷,在静电作用下呈现独特的双电层结构,双电层越厚,颗粒间静电斥力也就越大;一般来说,泥沙颗粒间的静电斥力要大于范德华力,因此,在没有外部因素作用下的泥沙颗粒呈现分散态,颗粒较小。在低盐度条件下,随着沉降桶中盐度的增大,水体中阳离子的浓度增加,泥沙颗粒表面的负电荷被中和而致其电势电位降低,双电层厚度减小,泥沙颗粒间的静电斥力作用减弱,在同等范德华力作用下,泥沙颗粒相互吸引碰撞聚合形成粒径更大且较为密实的絮凝体,沉降速度也随之增大;因此,盐度越大,静电斥力作用也就越弱,泥沙颗粒也就会发育成粒径与沉降速度越大的絮凝体。但由于沉降桶内泥沙颗粒表面的总负电荷量是一个定值,随着盐度的继续增大直至超过某一盐度值时,沉降桶水体内的阳离子与泥沙颗粒表面负电荷完全中和后仍有剩余,泥沙颗粒表面被剩余的阳离子附着而带正电形成电势逆转,颗粒间的静电斥力作用开始增大,双电层厚度开始增加,在同等范德华力作用下,泥沙颗粒间作用力逐渐转为静电斥力主导,黏结概率降低,从而抑制絮凝体的发育,絮凝体的粒径和沉速开始减小,盐度对泥沙絮凝沉降的影响逐渐减弱。

综上所述,对于黄河口黏性细颗粒泥沙,盐度的存在和改变能够调整泥沙颗粒表面的电荷及其分布来影响其电化学性质,有利于增强泥沙颗粒间的黏结作用,促进泥沙絮凝聚合过程而发育成粒径更大、沉速更大的絮凝体。

2.4.3 含沙量对黄河口黏性泥沙絮凝沉降的影响

黏性细颗粒泥沙含沙量的变化可以改变泥沙颗粒间的碰撞频率而影响絮凝体中值粒径和沉降速度的大小。研究表明,黏性细颗粒泥沙的沉降过程根据含沙量的不同按时间可以分为絮凝沉降、制约沉降、群体沉降和密实沉降四个阶段,低含沙水体下主要是絮凝沉降过程,高含沙水体主要是制约沉降、群体沉降和密实沉降三个阶段[14]。为厘清含沙量对黄河口黏性泥沙絮凝沉降的作用机制,本研究采用黄河口原状泥沙,在不同含沙量($SSC=2\ \text{kg/m}^3$、$5\ \text{kg/m}^3$、$7\ \text{kg/m}^3$、$10\ \text{kg/m}^3$、$15\ \text{kg/m}^3$)条件下进行了 175 组试验(同一含沙量下不同盐度和紊动剪切率试验共 35 组)。

试验得到不同含沙量($SSC=2\ \text{kg/m}^3$、$5\ \text{kg/m}^3$、$7\ \text{kg/m}^3$、$10\ \text{kg/m}^3$、$15\ \text{kg/m}^3$)对泥沙絮凝体中值粒径与沉降速度的影响,如图 2-20、图 2-21 所示,图中红点线为絮凝体中值粒径、沉降速度随含沙量变化的中值线,对应的絮凝体中值粒径中值与沉降速度中值分别为 $42.23\ \mu m$、$49.59\ \mu m$、$57.27\ \mu m$、$51.55\ \mu m$、$50.34\ \mu m$ 和 $0.87\ \text{mm/s}$、$0.98\ \text{mm/s}$、$1.11\ \text{mm/s}$、$1.03\ \text{mm/s}$、$1.02\ \text{mm/s}$。

由图 2-20、图 2-21 可知,虽然由于盐度与紊动剪切率的不同,在同一含沙量条件下絮凝体中值粒径与沉降速度均有差异,但中值线以及絮凝体试验数据

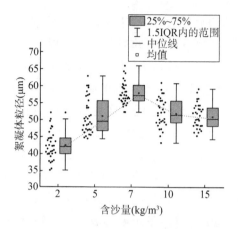

图 2-20 絮凝体中值粒径与含沙量关系

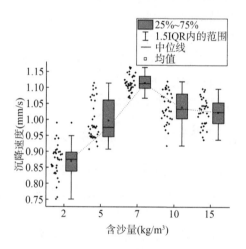

图 2-21 絮凝体沉降速度与含沙量关系

表明,絮凝体中值粒径和沉降速度均随着含沙量的增大而呈现先增大后减小的趋势:当含沙量在 2~7 kg/m³ 时,絮凝体中值粒径和沉降速度随着含沙量的增加而迅速增大,增大幅度分别为 17.43%~35.54% 和 12.64%~27.59%,这表明在含沙量较低情况下,含沙量的增大对絮凝体的发育起着关键作用;当含沙量 $SSC=7$ kg/m³ 时,出现了明显的絮凝体中值粒径与沉速大小转折点,并且絮凝体中值粒径以及沉速最大值均出现在 $SSC=7$ kg/m³ 处,分别为 65.96 μm 和 1.16 mm/s,故可认为含沙量 $SSC=7$ kg/m³ 是本试验的最佳絮凝含沙量;当含沙量在 7~15 kg/m³ 时,絮凝体中值粒径和沉降速度开始随着含沙量的增加而减小,减小幅度分别为 9.98%~12.11% 和 7.21%~8.11%,但高含沙量下絮凝体中值粒径和沉降速度整体变化不大,且都有随着含沙量的进一步增大而趋于稳定的态势。出现上述试验结果的主要原因是:当水体含沙量较低时,由于沉降桶中还有盐度以及水体紊动剪切率的作用,泥沙颗粒不是以单颗粒的形式下沉,而是会通过颗粒间的碰撞与黏结作用发育成粒径和沉降速度更大的絮凝体进行下沉;随着沉降桶内含沙量从 $2\ \mathrm{kg/m^3}$ 逐渐增大到 $7\ \mathrm{kg/m^3}$,单位体积中泥沙颗粒的数量不断增加,泥沙颗粒间的碰撞频率增大,此时相比于含沙量的增加而导致的絮凝体分散频率的提高,颗粒间相互碰撞对泥沙絮凝聚合过程的作用相对更为显著,泥沙颗粒得以发育成粒径和沉降速度更大的絮凝体,此时处于絮凝加速沉降阶段;当超过最佳絮凝含沙量 $7\ \mathrm{kg/m^3}$ 时,随着含沙量的继续增大,颗粒间的碰撞频率会继续加大,但此时絮凝体分散频率会显著增加,对絮凝体的破坏作用增大,与含沙量增大引起的泥沙颗粒聚合作用相当甚至超过聚合作用而占据主导地位,絮凝体的进一步发育被抑制,中值粒径和沉降速度相对减小。

综上所述,对于黄河口黏性细颗粒泥沙,含沙量的增加有助于增大泥沙颗粒间的碰撞频率而促进絮凝体的发育,低含沙量下含沙量的增大对絮凝体中值粒径和沉降速度的促进作用较大,而高含沙量下含沙量的增大对絮凝体中值粒径和沉降速度的促进作用则相对较小。

2.4.4　紊动剪切率对黄河口黏性泥沙絮凝沉降的影响

黏性泥沙的絮凝沉降一般可分为泥沙聚合与絮体破碎两个过程。水体紊动剪切率作为影响絮凝体发育的关键因子,其一方面可以通过增大水体中泥沙颗粒间的碰撞频率来促进泥沙聚合,另一方面可以通过破坏结构松散、不稳定的絮凝体来控制絮凝体的最大粒径。为厘清水体紊动剪切率对黄河口黏性泥沙絮凝沉降的作用机制,本研究采用黄河口原状泥沙,在不同紊动剪切率($G=5\ \mathrm{s^{-1}}$、$15\ \mathrm{s^{-1}}$、$25\ \mathrm{s^{-1}}$、$35\ \mathrm{s^{-1}}$、$45\ \mathrm{s^{-1}}$)条件下进行了 175 组试验(同一紊动剪切率下不同盐度和含沙量试验共 35 组)。

试验得到不同紊动剪切率($G=5\ \mathrm{s^{-1}}$、$15\ \mathrm{s^{-1}}$、$25\ \mathrm{s^{-1}}$、$35\ \mathrm{s^{-1}}$、$45\ \mathrm{s^{-1}}$)对泥沙絮凝体中值粒径与沉降速度的影响,如图 2-22、图 2-23 所示,图中红点线为絮凝体中值粒径、沉降速度随紊动剪切率变化的中值线,对应的絮凝体中值粒径中值与沉降速度中值分别为 $52.66\ \mu m$、$57.92\ \mu m$、$51.12\ \mu m$、$48.45\ \mu m$、$46.22\ \mu m$ 和 $1.03\ \mathrm{mm/s}$、$1.08\ \mathrm{mm/s}$、$1.02\ \mathrm{mm/s}$、$0.99\ \mathrm{mm/s}$、$0.95\ \mathrm{mm/s}$。

由图 2-22、图 2-23 可知,虽然由于盐度与含沙量的不同,在同一紊动剪切率条件下絮凝体中值粒径与沉降速度均有差异,但中值线以及絮凝体试验数据表明,在紊动剪切率较低情况下,泥沙发育较快,絮凝体中值粒径以及沉降速度

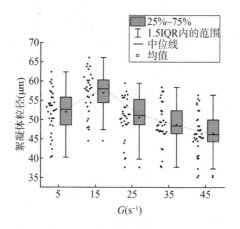

图 2-22　中值粒径与紊动剪切率关系

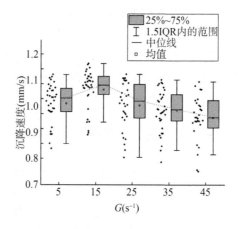

图 2-23　沉降速度与紊动剪切率关系

比较大,而高紊动剪切率条件下中值粒径以及沉降速度相对较小,大絮凝体粒径(箱型图上边缘对应值)、絮凝体中值粒径和沉降速度均随着紊动剪切率的增大而呈现先增大后减小的趋势:当紊动剪切率从 5 s^{-1} 增大到 15 s^{-1} 时,絮凝体中值粒径和沉降速度快速增大,泥沙颗粒发育成紊动剪切率影响下两组中值粒径和沉降速度最大的泥沙絮凝体,这表明低紊动剪切率条件下紊动剪切率的增大对泥沙絮凝体发育发挥着主导作用,泥沙絮凝过程更适合在低紊动剪切率下完成;当紊动剪切率从 15 s^{-1} 增大到 45 s^{-1} 时,絮凝体破碎作用增强,絮凝体中值粒径和沉降速度开始逐渐减小,在紊动剪切率 $G = 15$ s^{-1} 处出现了明显的絮凝体中值粒径和沉降速度大小转折点。

出现上述现象的主要原因是:在低紊动剪切率条件下($G \leqslant 15$ s^{-1}),紊动剪切率的增大推动泥沙颗粒的运动,提升颗粒间相互碰撞的频率,此时紊动剪切率增大对泥沙絮凝体的发育作用强于破坏作用,泥沙颗粒得以发育成中值粒径与沉降速度均较大的絮凝体,在 $G=15\ \mathrm{s}^{-1}$ 处取得中值粒径与沉降速度的极大值,但此时的絮凝体结构脆弱、不稳定,絮凝体有效密度较小,易被更大的水体紊动剪切率破坏;当紊动剪切率超过临界值 $G=15\ \mathrm{s}^{-1}$ 并继续增大时,碰撞频率虽然也会提高,但此时紊动剪切力会超过絮凝体的极限应力,在持续不断的剪切力作用下,结构不稳定的大絮凝体将会被破坏成为结构稳定、有效密度较大但粒径和沉降速度较小的絮凝体;紊动剪切率越大,对絮凝体的破坏程度也就越大,中值粒径和沉降速度也就会随之减小。

综上所述,对于黄河口黏性细颗粒泥沙,紊动剪切率的增大对絮凝体的发育有一定的促进作用,低紊动剪切率条件下($G\leqslant15\ \mathrm{s}^{-1}$)絮凝体的中值粒径与沉降速度均比高紊动剪切率条件下的要大,更加符合泥沙絮凝体的发育要求。

2.4.5 盐度、含沙量和紊动剪切率联合作用对黄河口泥沙絮凝沉降的影响

上文指出,盐度、含沙量和水体紊动剪切率通过自身特性影响泥沙絮凝的聚合与破碎过程来控制絮凝体的发育,但天然河口中的泥沙絮凝沉降过程并非由单一影响因素控制,多个影响因子的联合作用使得泥沙絮凝过程更加复杂多变。下面将通过建立絮凝体中值粒径、沉降速度与盐度、含沙量和紊动剪切率之间的相关关系来分析盐度、含沙量和紊动剪切率联合作用对黄河口泥沙絮凝沉降的影响。

(1)试验选取含沙量 $SSC=7\ \mathrm{kg/m^3}$ 时不同盐度和紊动剪切率作用下的絮凝体中值粒径与沉降速度的分布情况,进行盐度与紊动剪切率综合作用分析(图2-24、图2-25)。

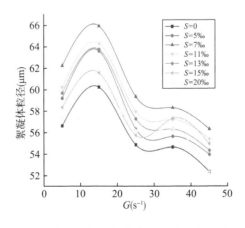

图 2-24 $SSC=7\ \mathrm{kg/m^3}$ 絮凝体中值粒径

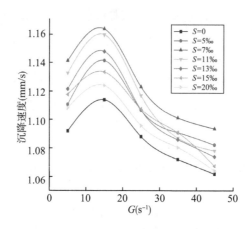

图 2-25　$SSC=7$ kg/m³ 絮凝体沉降速度

由图 2-24、图 2-25 可知,盐度的存在增强了水体紊动剪切率对黏性泥沙絮凝沉降的作用,相比于盐度 $S=0$,同一紊动剪切率下不同盐度的絮凝体中值粒径与沉降速度均呈现不同程度的增大,并且盐度的存在将增强低紊动剪切率对黏性泥沙絮凝沉降的作用,而减弱高紊动剪切率对絮凝体的破坏作用。主要原因是:低紊动剪切率下,当沉降桶内存在着阳离子时,其与泥沙颗粒表面的负电荷会发生中和而减小颗粒间的静电斥力来进一步增强紊动剪切率对泥沙颗粒的碰撞作用,泥沙颗粒得以发育成粒径与沉降速度更大的絮凝体;在高紊动剪切率下,较强的紊动剪切力会破坏结构脆弱的松散絮凝体,而盐度的存在将在一定程度上增强颗粒间的作用力来抵抗紊动剪切力的作用,生成粒径相对较大的絮凝体,从而增大絮凝体的沉降速度。

（2）试验选取紊动剪切率 $G=15$ s⁻¹ 时不同盐度和含沙量作用下的絮凝体中值粒径与沉降速度的分布情况,进行盐度与含沙量综合作用分析(图 2-26、图 2-27)。

由图 2-26、图 2-27 可知,含沙量的增加会促进盐度对黏性泥沙絮凝沉降的作用:同一盐度下,随着含沙量的增加,絮凝体中值粒径和沉降速度均呈现出先增大后减小的趋势,但与初始含沙量相比都表现为中值粒径与沉降速度的增大;含沙量的增大将会增强低盐度对黏性泥沙絮凝沉降的促进作用,而减弱高盐度对泥沙絮凝聚合的抑制作用。主要原因是:含沙量的增加会提高泥沙颗粒间的碰撞频率,促使泥沙颗粒发育成大的絮凝体,但过高的碰撞频率也会让不稳定的泥沙絮团发生破碎,因此同一盐度下,含沙量的增加会使絮凝体中值粒径和沉降速度先增大后减小;低盐度条件下,阳离子与泥沙颗粒表面的负电荷中和而使

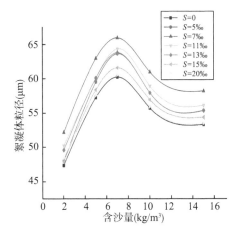

图 2-26 $G=15\,\mathrm{s}^{-1}$ 絮凝体中值粒径

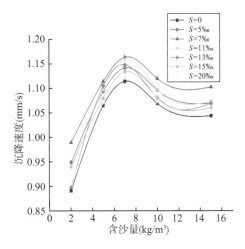

图 2-27 $G=15\,\mathrm{s}^{-1}$ 絮凝体沉降速度

颗粒间的静电斥力减弱,而含沙量的增大能够大幅度提升泥沙颗粒间的有效碰撞而形成粒径与沉降速度更大的絮凝体,从而增强低盐度条件对黏性泥沙絮凝沉降的作用;而在高盐度条件下,泥沙颗粒表面的负电荷已经被完全中和,但剩余阳离子将附着在泥沙颗粒表面,使颗粒间的静电斥力增大,而含沙量的增大不仅能够提高颗粒的碰撞频率,还会提供负电荷来同时减小颗粒间的静电斥力,从而减弱高盐度对泥沙絮凝的抑制作用,加快泥沙的沉降。

（3）试验选取盐度 S＝7‰时不同含沙量和紊动剪切率作用下的絮凝体中值粒径与沉降速度的分布情况,进行含沙量与紊动剪切综合作用分析(图 2-28、图 2-29)。

43

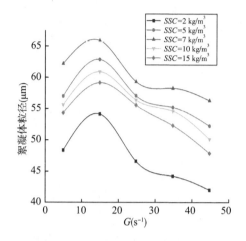

图 2-28　$S = 7‰$絮凝体中值粒径

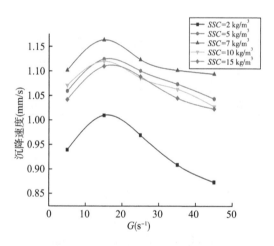

图 2-29　$S = 7‰$絮凝体沉降速度

由图 2-28、图 2-29 可知,含沙量的增大将增强低紊动剪切率对黏性泥沙的絮凝作用,而减弱高紊动剪切率对絮凝体的破碎作用。主要原因是:低紊动剪切率下,相对于颗粒碰撞对絮凝体的破坏,此时泥沙聚合作用占据主导地位,而含沙量的增大将进一步增强颗粒间的碰撞作用,并提供了更多的颗粒参与碰撞,絮凝体粒径得以增大;而在高紊动剪切率下,结构不稳定的大絮凝体被剪切破碎成为小絮凝体,含沙量的增大将提高颗粒碰撞的频率,从而提高形成结构更为稳定的絮凝体概率,使得高紊动剪切率对絮凝体的破碎作用减弱。

综上所述,盐度、含沙量和紊动剪切率均对黄河口泥沙絮凝沉降发挥着重要的作用,各因素相互促进、相互制约,主要表现为某一因素促进其他因素在低值时对泥沙的聚合作用,而减弱其他因素在高值时对絮凝体的破坏作用。试验表明(图2-30),在中低盐度、含沙量以及紊动剪切率条件下,泥沙颗粒发育较好,絮凝体中值粒径和沉降速度均较大;在高盐度、高含沙量以及高紊动剪切率条件下,泥沙絮凝程度相对较弱,絮凝体中值粒径和沉降速度较小。试验结果表明,絮凝体中值粒径和沉降速度最大值出现在盐度 $S=7‰$、含沙量 $SSC=7\,\text{kg/m}^3$、紊动剪切率 $G=15\,\text{s}^{-1}$ 条件下,分别为 $65.96\,\mu m$ 和 $1.16\,\text{mm/s}$,受试验条件所限,可认为该条件为黄河口黏性泥沙的最佳絮凝条件。

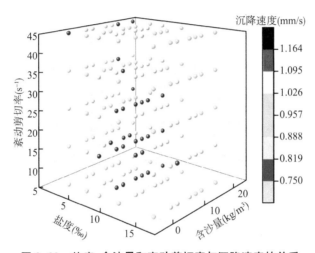

图 2-30　盐度、含沙量和紊动剪切率与沉降速度的关系

2.5　黄河口黏性泥沙絮凝体有效密度及分形维数的讨论

泥沙絮凝体有效密度定义为泥沙絮凝体密度与水体密度的差值,又称为泥沙絮凝体真实密度。黏性细颗粒泥沙在絮凝沉降过程中,絮凝体粒径会随着外部絮凝环境条件的改变而发生波动。由于絮凝体的发育是一个颗粒间随机碰撞黏结的过程,因此随着絮凝体粒径的增大,絮凝体内泥沙颗粒间的空隙所占比例也会逐渐增大,从而导致泥沙絮凝体有效密度的减小,由变形后的斯托克斯公式 $\left(\omega_s=\dfrac{1}{18}\dfrac{\Delta\rho g D^2}{\mu}\right)$ 可知,当絮凝体有效密度 $\Delta\rho$ 减小时,其沉降速度也会因此降低。

由泥沙絮凝体沉降速度与中值粒径的关系可知:大部分相同粒径的不同泥

沙絮凝体对应的沉降速度并不相同,部分沉降速度相差可达20%,这主要是因为泥沙絮凝体的发育是一个随机结合的过程,泥沙颗粒间的无序碰撞与黏结造成每颗泥沙絮凝体内部结构松散多样,即使粒径相同的泥沙絮凝体其内部孔隙率也不同,有效密度不一,因此沉降速度也就有所差别。为研究黄河口黏性泥沙絮凝体有效密度的变化规律,试验利用黄河口原状泥沙得到了絮凝体有效密度与中值粒径关系(图2-31)。

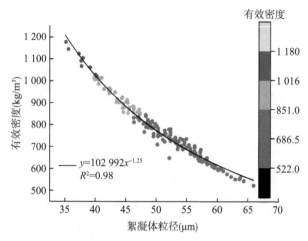

图2-31 絮凝体有效密度与中值粒径关系

由图2-31可知,絮凝体有效密度变化较大,覆盖区间为522.76～1 178.23 kg/m³,均值为775.89 kg/m³,整体上随着絮凝体中值粒径的增大而呈现负相关关系,其减小趋势可用幂函数来描述($y=102\,992x^{-1.25}$),拟合曲线相关系数$R^2=0.98$。并且对于相同粒径的泥沙絮凝体,其对应的絮凝体有效密度也基本不是唯一值,也就是说,絮凝体粒径并不是影响其有效密度的唯一因素,絮凝体自身形体结构特征以及絮凝环境均会对絮凝体有效密度产生较大的影响。

分形维数是度量物体或形体复杂性和不规则性最常用的指标,是定量描述分形自相似性程度大小的参数[15]。一般来说,泥沙絮凝体颗粒的分形维数越大,絮凝体的结构也就越稳定,对于粒径相同的絮凝体来说,其有效密度和沉降速度也就越大。1994年,Kranenburg[16]基于自相似理论提出用分形维数来定量描述絮凝体的有效密度$\left(\Delta\rho=(\rho_s-\rho_w)\left(\dfrac{D}{D_p}\right)^{n_f-3}\right)$。可以看到,当泥沙颗粒密度$\rho_s$、水的密度$\rho_w$以及初始粒径$D_p$确定时,絮凝体有效密度主要受絮凝体

粒径 D 以及分形维数 n_f 共同影响,若絮凝体粒径相同,则有效密度就由分形维数 n_f 决定。

本次试验所得不同盐度、含沙量以及紊动剪切率条件下絮凝体分形维数与中值粒径的关系如图 2-32 所示。

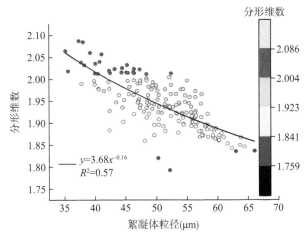

图 2-32 絮凝体分形维数与中值粒径关系

由图 2-32 可知,絮凝体分形维数总体变化不大,分布较为集中,覆盖区间为 $1.79 \sim 2.09$;分形维数总体上随着絮凝体粒径的增大而呈幂函数形式减小趋势($y=3.68x^{-0.16}$,$R^2=0.57$)。絮凝体粒径越大,絮凝程度越高,絮凝体内部孔隙率也就越大,絮凝体与本身泥沙颗粒的自相似性也就越低,分形维数也就越小,絮凝体结构越不稳定和松散,则在相同粒径情况下其有效密度和沉降速度也就越小。且图 2-32 表明,对于相同粒径的不同絮凝体,它们大多对应着不同的分形维数,这也就使得它们所对应的有效密度不同,沉降速度也就会有所不同。为进一步研究不同环境条件下絮凝体的分形结构特征,试验统计了絮凝体分形维数随盐度、含沙量以及紊动剪切率条件的改变而变化的过程(图 2-33)。

由图 2-33(a)可知,在不同含沙量与紊动剪切率条件下,泥沙絮凝体整体分形维数随着盐度的增大而呈现先减小后增大的趋势,絮凝体平均分形维数从 1.96 先减小到 1.90 再增大到 1.95;在初始盐度较低时,泥沙颗粒间的作用力主要表现为静电斥力,颗粒间黏结力相对较小,泥沙颗粒絮凝程度低,絮凝体粒径较小,结构相对稳定,因此分形维数也较大;而随着盐度的增大,泥沙颗粒间黏结力增强,絮凝聚合作用增强,絮凝体粒径和孔隙率逐渐增大,絮体结构愈加松散、不稳定,分形维数减小;而随着盐度的继续增加,颗粒间的静电斥力开始增大,絮

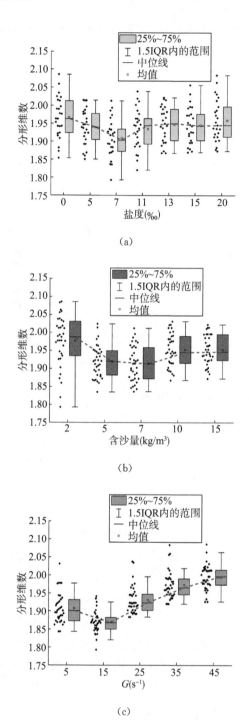

（a）

（b）

（c）

图 2-33　絮凝体分形维数与盐度、含沙量、紊动剪切率关系

凝聚合作用减弱,絮凝体粒径和孔隙率相对减小,此时絮凝体相对密实和稳定,分形维数增大,但分形维数在高盐度下变化不大。

由图 2-33(b)可知,在不同盐度与紊动剪切率条件下,絮凝体整体分形维数随着含沙量的增大而呈现先减小后增大的趋势,絮凝体平均分形维数从 1.98 先减小到 1.91 再增大到 1.95;初始含沙量较低时,分形维数较大,主要是颗粒间的碰撞频率较低,泥沙颗粒发育程度较低,生成的絮凝体粒径较小,结构稳定且密实,因而其分形维数较高;随着含沙量的增大,颗粒间的碰撞频率显著增大,絮凝体得以迅速发育,粒径和孔隙率增大,分形维数减小;在高含沙量条件下,泥沙颗粒与絮凝体之间的碰撞会使部分结构不稳定的大絮凝体发生破碎,絮凝体会分散成为更为稳定密实的小絮凝体,分形维数有所增大,但随着含沙量的继续增大,分形维数基本不变。

由图 2-33(c)可知,水体紊动剪切率对絮凝体分形维数的影响相对来说较大,整体上依旧呈现出先减小后增大的趋势,絮凝体分形维数从 1.90 减小到 1.86 再增加到 2.00,整体分形维数较大,说明在紊动剪切率作用下的絮凝体颗粒有着更为稳定和密实的结构。低紊动剪切率下絮凝体分形维数较小,紊动剪切率的存在促进颗粒间的加速碰撞,粒径增大,絮凝体结构与初始颗粒自相似性差,分形维数也就减小;高紊动剪切率下分形维数较大,紊动剪切率越高,对絮凝体的破碎作用也就越大,絮凝体粒径越小,结构也就越稳定。并且分形维数在各个紊动剪切率下的分布较为集中,说明水体紊动对絮凝体的发育有着很强的约束作用。

综上所述,黄河口絮凝体分形维数由絮凝体自身结构决定,盐度、含沙量以及紊动剪切率变化均对絮凝体自身结构有着重要的影响;分形维数和絮凝体粒径共同决定着絮凝体的有效密度,进而影响絮凝体的沉降速度与沉降过程。

2.6 黄河口黏性细颗粒泥沙沉速经验公式构建

前文对盐度、含沙量以及水体紊动剪切强度影响黄河口泥沙絮凝沉降的作用机制已进行了细致的定性分析,为方便使用本试验条件下的数据与成果,本研究拟采用基于偏正态分布的多元非线性回归模型,通过对各个参数的反复试算与定量分析,构建一个在盐度、含沙量以及水体紊动剪切强度共同作用下适用于黄河口黏性细颗粒泥沙($D_p = 21.93\ \mu m$)的动水沉速经验公式。

2.6.1　偏正态分布模型

1985 年，Azzalini[17]首次提出比正态分布适用范围更广的偏正态分布，其随机变量 X 的密度函数如下：

$$f(x;\mu,\sigma,\lambda) = \frac{2}{\sigma}\phi\left(\frac{x-\mu}{\sigma}\right)\Phi\left(\frac{\lambda(x-\mu)}{\sigma}\right) \tag{2-8}$$

式中：ϕ 和 Φ 分别为标准正态分布的密度函数和分布函数；μ、σ 分别为其位置参数、形状参数；λ 为偏态参数，当 $\lambda>0$ 时，意味着较多数据分布在均值的右侧。

为系统描述和预测泥沙絮凝沉降速度随盐度、含沙量以及水体紊动剪切强度的变化趋势，现采用偏正态分布模型研究不同含沙量条件下絮凝体的沉降速度，并分别对其与盐度及紊动剪切率的关系进行曲线拟合（ω 为絮凝体沉降速度），其带参数的数学模型表达式为：

$$\omega(x;\sigma,\mu,\lambda,d) = \frac{1}{\pi\sigma}e^{-\frac{(x-\mu)^2}{2\sigma^2}}\int_{-\infty}^{\lambda\frac{x-\mu}{\sigma}}e^{-t^2/2}dt + d \tag{2-9}$$

基于模型表达式(2-9)，可得不同含沙量条件下（$SSC=2\text{ kg/m}^3$、5 kg/m^3、7 kg/m^3、10 kg/m^3、15 kg/m^3）絮凝体沉降速度与盐度、紊动剪切率的偏正态分布模型拟合结果，如图 2-34 所示。

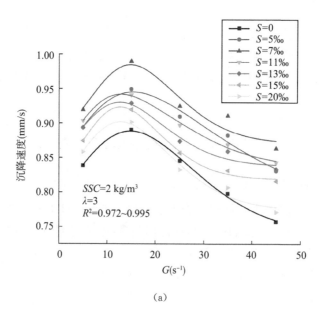

（a）

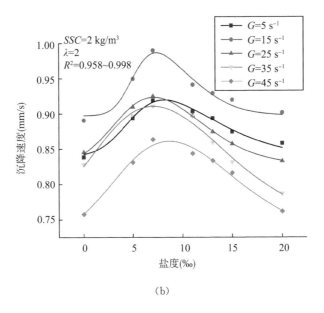

（b）

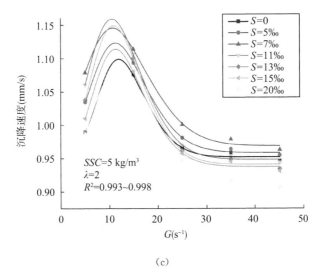

（c）

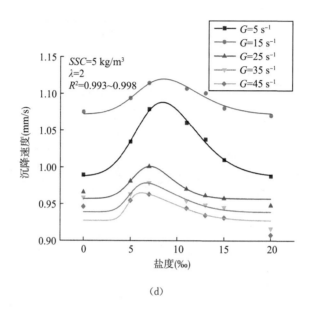

（d）

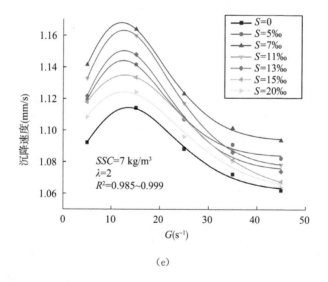

（e）

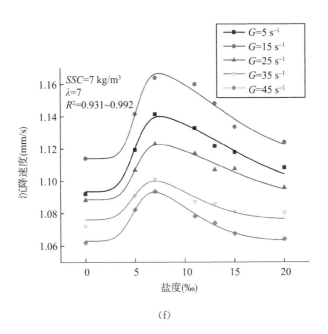

（f）

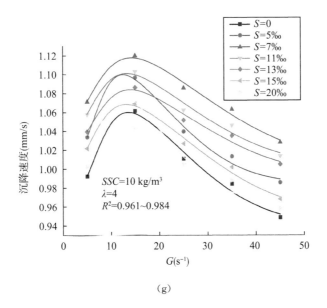

（g）

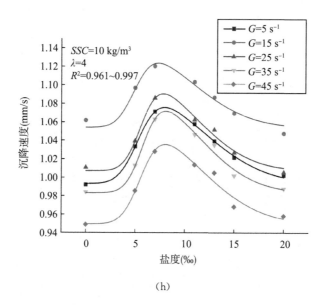

（h）

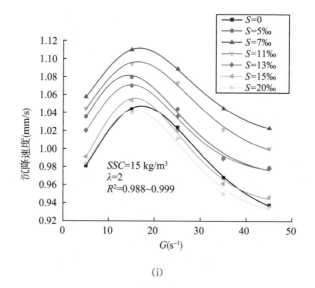

（i）

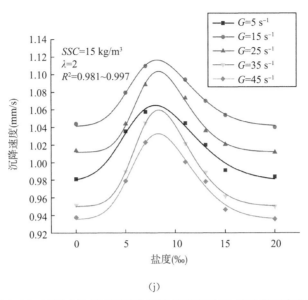

(j)

图 2-34 不同含沙量下絮凝体沉降速度与盐度、紊动剪切率关系

由图 2-34 可知,不同含沙量条件下,絮凝体沉降速度随盐度与紊动剪切率改变,其变化趋势与偏正态分布模型契合程度较高,均呈现出先增大后减小的趋势,沉速实测点基本都落在模型拟合曲线上,沉速实测值与模型拟合值吻合程度高。对于偏正态分布模型来说,不同 λ 值对应不同的模型契合度,在不同含沙量条件下,模型拟合选取最优偏态参数 λ 时,相关系数 R^2 在 0.931~0.999 之间波动,模型适用性良好。不同含沙量条件下偏正态分布模型表达式分别为:

(1) $SSC=2\ \text{kg/m}^3$:

沉速与紊动剪切率($\lambda=3$,$R^2=0.992$):

$$\omega(G;k)=k\,\mathrm{e}^{-\frac{(G-4.633)^2}{605.427}}\int_{-\infty}^{\frac{G-4.633}{5.811}}\mathrm{e}^{-t^2/2}\mathrm{d}t+0.837 \tag{2-10}$$

沉速与盐度($\lambda=2$,$R^2=0.998$):

$$\omega(S;k)=k\,\mathrm{e}^{-\frac{(S-3.535)^2}{90.592}}\int_{\infty}^{\frac{S-3.535}{3.365}}\mathrm{e}^{-t^2/2}\mathrm{d}t+0.827 \tag{2-11}$$

(2) $SSC=5\ \text{kg/m}^3$:

沉速与紊动剪切率($\lambda=2$,$R^2=0.997$):

$$\omega(G;k)=k\,\mathrm{e}^{-\frac{(G-6.667)^2}{148.576}}\int_{-\infty}^{\frac{G-6.667}{4.309}}\mathrm{e}^{-t^2/2}\mathrm{d}t+0.958 \tag{2-12}$$

沉速与盐度($\lambda=2$，$R^2=0.931$)：

$$\omega(S;k)=k\,\mathrm{e}^{-\frac{(S-5.360)^2}{21.617}}\int_{-\infty}^{\frac{S-5.366}{1.644}}\mathrm{e}^{-t^2/2}\mathrm{d}t+0.957 \tag{2-13}$$

（3）$SSC=7\ \mathrm{kg/m^3}$：

沉速与紊动剪切率($\lambda=2$，$R^2=0.995$)：

$$\omega(G;k)=k\,\mathrm{e}^{-\frac{(G-5.893)^2}{304.713}}\int_{-\infty}^{\frac{G-5.893}{6.172}}\mathrm{e}^{-t^2/2}\mathrm{d}t+1.083 \tag{2-14}$$

沉速与盐度($\lambda=7$，$R^2=0.975$)：

$$\omega(S;k)=k\,\mathrm{e}^{-\frac{(S-4.897)^2}{149.932}}\int_{-\infty}^{\frac{S-4.897}{1.237}}\mathrm{e}^{-t^2/2}\mathrm{d}t+1.094 \tag{2-15}$$

（4）$SSC=10\ \mathrm{kg/m^3}$：

沉速与紊动剪切率($\lambda=4$，$R^2=0.964$)：

$$\omega(G;k)=k\,\mathrm{e}^{-\frac{(G-4.747)^2}{901.253}}\int_{-\infty}^{\frac{G-4.747}{3.538}}\mathrm{e}^{-t^2/2}\mathrm{d}t+0.997 \tag{2-16}$$

沉速与盐度($\lambda=4$，$R^2=0.997$)：

$$\omega(S;k)=k\,\mathrm{e}^{-\frac{(S-5.307)^2}{82.226}}\int_{-\infty}^{\frac{S-5.307}{1.603}}\mathrm{e}^{-t^2/2}\mathrm{d}t+0.994 \tag{2-17}$$

（5）$SSC=15\ \mathrm{kg/m^3}$：

沉速与紊动剪切率($\lambda=2$，$R^2=0.995$)：

$$\omega(G;k)=k\,\mathrm{e}^{-\frac{(G-7.399)^2}{557.717}}\int_{-\infty}^{\frac{G-7.399}{8.349}}\mathrm{e}^{-t^2/2}\mathrm{d}t+0.988 \tag{2-18}$$

沉速与盐度($\lambda=2$，$R^2=0.997$)：

$$\omega(S;k)=k\,\mathrm{e}^{-\frac{(S-6.182)^2}{33.049}}\int_{-\infty}^{\frac{S-6.182}{2.033}}\mathrm{e}^{-t^2/2}\mathrm{d}t+0.950 \tag{2-19}$$

2.6.2　多元非线性回归模型

前文指出，絮凝体沉降速度与盐度、紊动剪切率的关系可用偏正态分布模型进行系统描述和预测分析，但本试验同一含沙量条件下的絮凝体沉降速度由盐度与紊动剪切率共同控制，以单一因素来描述沉降速度是存在偏差的。通过对各种假设模型的反复试算与回归分析,本研究拟采用基于偏正态分布的多元非线性回归分析,得到拥有多元未知参数的絮凝体沉降速度与盐度、紊动剪切率的关系模型。试验采用的关系模型表达式为:

$$\omega(G,S;\beta_0,\beta_1,\beta_2,\sigma_1,\sigma_2,\mu_1,\mu_2,\lambda_1,\lambda_2) =$$

$$\beta_0 + \beta_1 e^{-\frac{(G-\mu_1)^2}{2\sigma_1^2}} \int_{-\infty}^{\lambda_1 \frac{G-\mu_1}{\sigma_1}} e^{-\frac{t^2}{2}} dt + \beta_2 e^{-\frac{(S-\mu_2)^2}{2\sigma_2^2}} \int_{-\infty}^{\lambda_2 \frac{S-\mu_2}{\sigma_2}} e^{-\frac{t^2}{2}} dt \qquad (2-20)$$

式中:G 为紊动剪切率,单位 s^{-1};S 为水体盐度;ω 为絮凝体的沉降速度,单位 mm/s;β_0、β_1、β_2 为未标准化的回归系数;σ_1、σ_2、μ_1、μ_2、λ_1、λ_2 分别为影响因子 G 和 S 的形状参数、位置参数和偏态参数。

对试验得到的不同含沙量条件下的絮凝体沉降速度进行多元非线性回归分析,模型拟合结果如图 2-35 所示。

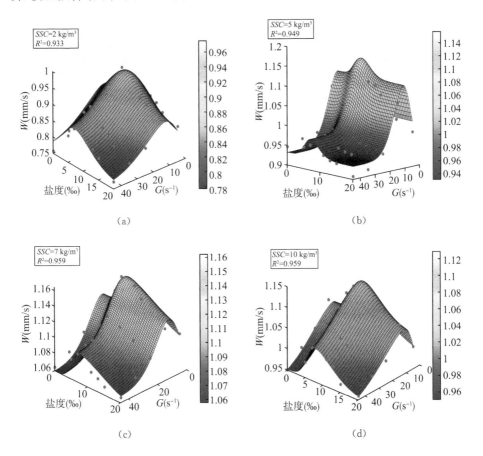

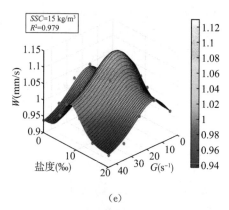

（e）

图 2-35　不同含沙量基于偏正态分布的多元非线性回归模型拟合图

由图 2-35 可知，絮凝体沉降速度随着盐度以及紊动剪切率的增大均呈现出先增大后减小的趋势，在低盐度低紊动剪切率条件下沉降速度较大，高盐度高紊动剪切率条件下沉降速度较小，与前文分析的盐度和水体紊动剪切率对沉降速度的控制规律相一致；且不同含沙量（$SSC=2\ \text{kg/m}^3$、$5\ \text{kg/m}^3$、$7\ \text{kg/m}^3$、$10\ \text{kg/m}^3$、$15\ \text{kg/m}^3$）条件下拟合模型相关系数 R^2 分别为 0.933、0.949、0.959、0.959、0.979，计算点与模型拟合曲线吻合良好，准确度较高，只有极少数计算点落在曲面图（图 2-35）外，这是由于本试验尚未完全考虑影响泥沙絮凝沉降的全部因素，利用 Winterwerp 紊流场公式计算时，将球形度系数近似为 1 处理可能造成计算的误差。

综上所述，可认为基于偏正态分布的多元非线性回归模型能用于黄河口黏性泥沙絮凝沉降速度的系统描述与预测，则在初始粒径及含沙量确定的条件下，利用多元非线性回归模型得到的盐度和水体紊动剪切强度共同作用下的絮凝体沉降速度模型表达式如下：

（1）$SSC=2\ \text{kg/m}^3$：

$$\omega(G,S)=0.762+0.058e^{-\frac{(G-4.633)^2}{605.427}}\int_{-\infty}^{\frac{G-4.633}{5.811}}e^{-t^2/2}\mathrm{d}t+0.049e^{-\frac{(S-3.535)^2}{90.592}}\int_{-\infty}^{\frac{S-3.535}{3.365}}e^{-t^2/2}\mathrm{d}t$$

$$（2-21）$$

（2）$SSC=5\ \text{kg/m}^3$：

$$\omega(G,S)=0.932+0.096e^{-\frac{(G-6.667)^2}{148.576}}\int_{-\infty}^{\frac{G-6.667}{4.309}}e^{-t^2/2}\mathrm{d}t+0.025e^{-\frac{(S-5.366)^2}{21.617}}\int_{-\infty}^{\frac{S-5.366}{1.644}}e^{-t^2/2}\mathrm{d}t$$

$$（2-22）$$

（3）$SSC = 7 \text{ kg/m}^3$：

$$\omega(G,S) = 1.057 + 0.036\text{e}^{-\frac{(G-5.893)^2}{304.713}} \int_{-\infty}^{\frac{G-5.893}{6.172}} \text{e}^{-t^2/2}\text{d}t + 0.016\text{e}^{-\frac{(S-4.897)^2}{149.932}} \int_{-\infty}^{\frac{S-4.897}{1.237}} \text{e}^{-t^2/2}\text{d}t$$

$$(2\text{-}23)$$

（4）$SSC = 10 \text{ kg/m}^3$：

$$\omega(G,S) = 0.929 + 0.053\text{e}^{-\frac{(G-4.747)^2}{901.253}} \int_{-\infty}^{\frac{G-4.747}{3.538}} \text{e}^{-t^2/2}\text{d}t + 0.036\text{e}^{-\frac{(S-5.307)^2}{82.226}} \int_{-\infty}^{\frac{S-5.307}{1.603}} \text{e}^{-t^2/2}\text{d}t$$

$$(2\text{-}24)$$

（5）$SSC = 15 \text{ kg/m}^3$：

$$\omega(G,S) = 0.925 + 0.061\text{e}^{-\frac{(G-7.399)^2}{557.717}} \int_{-\infty}^{\frac{G-7.399}{8.349}} \text{e}^{-t^2/2}\text{d}t + 0.049\text{e}^{-\frac{(S-6.182)^2}{33.049}} \int_{-\infty}^{\frac{S-6.182}{2.033}} \text{e}^{-t^2/2}\text{d}t$$

$$(2\text{-}25)$$

2.6.3 盐度、含沙量和紊动剪切率共同作用的动水泥沙沉速公式

本试验研究盐度、含沙量以及水体紊动剪切强度共同作用对黄河口黏性泥沙絮凝沉降速度的影响。同一含沙量条件下，盐度和紊动剪切率共同作用下的基于偏正态分布模型的絮凝体沉降速度经验公式已经构建［式（2-21）～式（2-25）］，它们能够较好地反映出盐度和紊动剪切率影响下絮凝体沉降速度的分布及其变化趋势，试验值与经验公式计算值拟合良好。而不同含沙量条件下，黄河口黏性泥沙对应的絮凝体沉降速度不尽相同，含沙量对泥沙絮凝体沉降速度的影响见图 2-36。由图 2-36 可知，絮凝体沉降速度随着含沙量的增大呈现出先增大后减小的趋势，与同一含沙量条件絮凝体沉降速度随盐度和紊动剪切率的变化相似，故可利用偏正态分布模型对试验数据进行分析拟合。模型拟合表达式如下（$R^2 = 0.943$，$\lambda = 11$）：

$$\omega(SSC) = 0.087\text{e}^{-\frac{(SSC-4.816)^2}{211.769}} \int_{-\infty}^{\frac{S-4.816}{0.935}} \text{e}^{-t^2/2}\text{d}t + 0.873 \qquad (2\text{-}26)$$

综上所述，偏正态分布模型可用于系统描述含沙量、盐度以及紊动剪切率对泥沙絮凝沉降速度的作用规律。为构建出盐度、含沙量以及紊动剪切率共同作用下的黄河口黏性泥沙沉降速度经验公式，本研究结合式（2-21）～式（2-26），通过对多种假设方案的试算筛选，最终对试验所得絮凝体沉降速度数据进行了基于偏正态分布的多元非线性回归分析，所得沉速经验公式如下（$R^2 = 0.906$）：

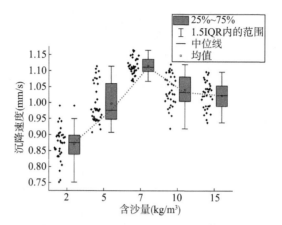

图 2-36　絮凝体沉降速度与含沙量关系

$$
\omega(S,SSC,G) = 0.767 + 0.032e^{-\frac{(S-5.307)^2}{82.226}} \int_{-\infty}^{\frac{S-5.307}{1.603}} e^{-t^2/2} \mathrm{d}t +
$$
$$
0.087e^{-\frac{(SSC-4.816)^2}{211.769}} \int_{-\infty}^{\frac{SSC-4.816}{0.935}} e^{-t^2/2} \mathrm{d}t + 0.057e^{-\frac{(G-4.747)^2}{901.253}} \int_{-\infty}^{\frac{G-4.747}{3.538}} e^{-t^2/2} \mathrm{d}t
$$

(2-27)

式中：ω 为絮凝体沉降速度，单位 mm/s；S 为盐度；SSC 为含沙量，单位 kg/m³；G 为紊动剪切率，单位 s⁻¹；t 为积分变量。

沉速经验公式对应的黄河口黏性泥沙沉降速度四维切片图，以及沉速经验公式计算值与试验实测值等距图（$R^2 = 0.906$）如图 2-37、图 2-38 所示。

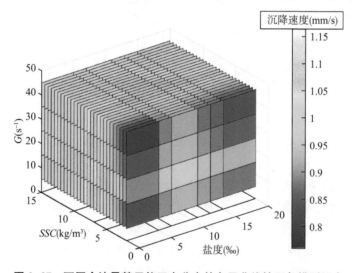

图 2-37　不同含沙量基于偏正态分布的多元非线性回归模型拟合

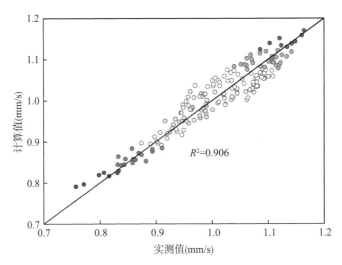

图 2-38　絮凝体沉降速度模型公式计算值与实测值等距图

由图 2-37、图 2-38 可知,沉速经验公式计算值与试验值吻合良好,絮凝体沉降速度均随着含沙量(SSC)、盐度(S)以及紊动剪切率(G)的增大而呈现一个偏正态分布趋势,低含沙量(低盐度或低紊动剪切率)条件下,含沙量(盐度或紊动剪切率)的增大对沉降速度的影响较大,沉降速度很快攀升到该组条件下的极大值;当超过最佳絮凝含沙量(盐度或紊动剪切率)时,沉降速度会逐渐减小,但减小速率相对较小,基本变化不大。且图 2-27、图 2-38 中结果表明每组试验条件下均存在着一个沉降速度极大值,沉降速度极大值基本位于中低影响因子条件下,过高或过低含沙量(盐度或紊动剪切率)条件下沉降速度较小,尤其是当盐度 $S=0$ 时,缺少阳离子对泥沙颗粒表面负电荷的中和作用,颗粒间的静电斥力占据主导地位,即使有紊动剪切率和含沙量对泥沙碰撞频率的提升,絮凝体的沉降速度也依然较小(本试验絮凝体粒径和沉降速度最小值在盐度 $S=0$ 处取得,分别为 35.16 μm 和 0.75 mm/s)。因此,基于各影响因素的作用机理以及沉速经验公式四维图,可以推断泥沙絮凝沉降速度在盐度 $S=0$、低含沙量以及高紊动剪切率条件下取得黄河口泥沙沉降速度的最小值,并结合试验数据可认为盐度 $S=7‰$、含沙量 $SSC=7\ kg/m^3$、紊动剪切率 $G=15\ s^{-1}$ 为本试验所得黄河口黏性泥沙的最佳絮凝条件(絮凝体中值粒径和沉降速度分别为 65.96 μm 和 1.16 mm/s)。

综上所述,沉速经验公式计算值与实测值吻合程度高,模型偏差小,故可认为该公式适用于黄河口黏性泥沙沉降速度的系统描述与趋势预测。

主要参考文献

［ 1 ］陈柏文. 黄河口黏性细泥沙颗粒絮凝沉降研究［D］. 青岛：中国海洋大学，2023.

［ 2 ］Camp T R，Stein P C. Velocity gradients and internal work in fluid motion［J］. Journal of the Boston Society of Civil Engineers，1943，30：219-237.

［ 3 ］Shy S S，Tang C Y，Fann S Y. A nearly isotropic turbulence generated by a pair of vibrating grids［J］. Experimental thermal and fluid science，1997，14(3)：251-262.

［ 4 ］刘俊秀. 动水条件下细颗粒泥沙絮凝机理研究［D］. 北京：中国水利水电科学研究院，2019.

［ 5 ］Dyer K R. Sediment processes in estuaries：future research requirements［J］. Journal of geophysical research：oceans，1989，94(C10)：14327-14339.

［ 6 ］Khelifa A，Hill P S. Models for effective density and settling velocity of flocs［J］. Journal of hydraulic research，2006，44(3)：390-401.

［ 7 ］Kumar R G，Strom K B，Keyvani A. Floc properties and settling velocity of San Jacinto estuary mud under variable shear and salinity conditions［J］. Continental shelf research，2010，30(20)：2067-2081.

［ 8 ］王国梁，周生路，赵其国. 土壤颗粒的体积分形维数及其在土地利用中的应用［J］. 土壤学报，2005(4)：545-550.

［ 9 ］卢卓卓，王继保，刘超凡，等. 过机泥沙粒径分形维数变化特征研究［J］. 水电能源科学，2021，39(8)：181-184，173.

［10］Winterwerp J C. A simple model for turbulence induced flocculation of cohesive sediment［J］. Journal of hydraulic research，1998，36(3)：309-326.

［11］乔守文. 黄河口温盐场变化机理及时空分布特征研究［D］. 烟台：鲁东大学，2022.

［12］袁强. 云南红土型泥沙室内静水沉降研究［D］. 昆明：昆明理工大学，2019.

［13］吴宇帆. 长江河口细颗粒泥沙沉降速度研究［D］. 上海：华东师范大学，2016.

［14］刘林双. 水沙分离方法及其对黄河小浪底下游减淤作用研究［D］. 武汉：武汉大学，2013.

［15］于舒雅. 豆砾石形态特征量化分析与回填灌浆模拟试验研究［D］. 成都：成都理工大学，2018.

［16］Kranenburg C. The fractal structure of cohesive sediment aggregates［J］. Estuarine，coastal and shelf science，1994，39(5)：451-460.

［17］Azzalini A. A class of distributions which includes the normal ones［J］. Scandinavian journal of statistics，1985，12(2)：171-178.

3

黄河入海水沙通量变化
及成因机制

3.1 概述

河流入海水沙通量对河口地貌塑造、岸滩侵蚀以及近海岸泥沙输移有着重要作用,同时,在河流水动力的作用下会使得泥沙颗粒挟带大量污染物迁移到河口及近海岸,严重影响河口生态环境[1]。河口及近海岸区域存在的悬浮泥沙颗粒会与水体微生物以及其他有机物相互作用形成悬浮物,悬浮物的大量存在会影响水体透明度,进一步影响水体生物的光合作用和初级生产力,关于入海水沙通量的研究已成为陆海相互作用研究的重要科学问题之一[2]。

近年来随着全球气候不断变化和人类活动日益加剧,全球气温持续升高,地表极端天气(干旱、洪涝和热浪等)发生的频率、强度、持续时间不断加剧[3],黄河流域气候分异特征也愈加显著。人类活动也日益成为改变地球自然系统生态平衡的重要营力,尤其是农业、城镇化过程对土地覆盖/土地利用的改变[4],以及水库、堤坝、人工调水和河道整治工程使得流域水沙过程和下垫面自然属性发生了根本性转变[5]。在多重驱动力复杂耦合影响下,黄河入海水沙演变过程的不确定性日益增强,水沙关系发生重大调整,水沙锐减已成为"毋庸置疑"的事实[6],此外,由于黄河"调水调沙"的强烈干扰使得黄河下游和三角洲的水文、地貌和生态状况发生了显著改变[7],入海水沙时空格局的快速转变给黄河三角洲的稳定带来了巨大挑战。因此,明晰变化环境下黄河入海水沙通量的演变特征,揭示新形势下的入海水沙通量多尺度时空变化规律与机制,这不仅有益于加深我们对入海水沙规律的科学认知与理解,而且对支撑黄河流域生态保护和高质量发展国家战略的实施,以及保障流域经济社会可持续发展有着重要意义。

3.2 数据资料

利津站是黄河流域的入海控制站,在利津水文站至入海口之间的泥沙淤积量无法确定时,可将利津站实测悬移质输沙量近似视为黄河入海泥沙通量[8]。本研究所探讨的黄河入海水沙通量数据为1950—2019年利津水文站实测资料,数据来自黄河水利委员会,研究区利津水文站地理位置如图3-1所示。本章选取的黄河流域气象观测数据共计82个气象站,时间跨度为1950—2019年,其位置分布如图3-1所示。数据集主要包含逐日降水量、平均气温、最高/最低气温、平均相对湿度、平均风速和日照时数等,数据来源于国家气象科学数据中心(http://data.cma.cn/)。对于少数站点缺失数据的情况,采用有观测记录的临近站点数据进行插补延长。流域潜在蒸散量数据由Penman-Monteith模型计算得到。黄河流域年平均降水量和潜在蒸散量通过泰森多边形法加权平均得到[9]。黄河流域90m分辨率的DEM数据集由国家地球系统科学数据中心(http://www.geodata.cn)提供。

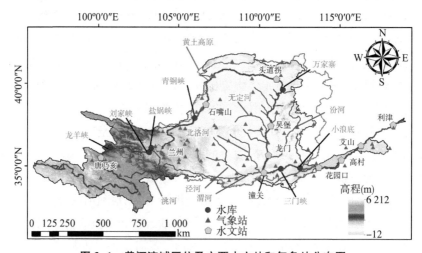

图3-1 黄河流域区位及主要水文站和气象站分布图

3.3 研究方法

3.3.1 Mann-Kendall非参数检验

采用Mann-Kendall非参数检验对水沙通量趋势性进行诊断,该方法不要求数据遵循某一概率分布,且不受少数异常值干扰[10]。同时,径流量和输沙量等水文变量具有较强的自相关性,采用 MMK 法对该干扰进行了修正。假设时间序列数据 $(x_1, x_2, \cdots, x_n)$ 是个独立、随机分布的样本;对于所有的 $k, j \leqslant n$,且 $k \neq j$,x_k 和 x_j 的分布是不同的,则统计变量 S 的计算公式为:

$$S = \sum_{k=1}^{n-1} \sum_{j=k+1}^{n} \text{sgn}(x_j - x_k) \tag{3-1}$$

其中,

$$\text{sgn}(x_j - x_k) = \begin{cases} +1 & x_j - x_k > 0 \\ 0 & x_j - x_k = 0 \\ -1 & x_j - x_k < 0 \end{cases} \tag{3-2}$$

若 $n \geqslant 10$ 时,统计变量 S 近似服从正态分布,其平均值 $E(S) = 0$,方差为:

$$Var(S) = n(n-1)(2n+5)/18 \tag{3-3}$$

标准化的正态统计变量为:

$$Z = \begin{cases} \dfrac{S-1}{\sqrt{Var(S)}} & S > 0 \\ 0 & S = 0 \\ \dfrac{S+1}{\sqrt{Var(S)}} & S < 0 \end{cases} \tag{3-4}$$

当给定置信度水平为 α 时,若 $|Z| \leqslant Z_{1-\alpha/2}$,则原假设是可接受的,表明在置信度为 α 时,原序列无明显的上升或者下降趋势;反之,则拒绝原假设,表明原序列具有显著的趋势性。对于统计参量 Z,如果大于零,表明检验序列具有上升趋势,如果小于零,则具有下降趋势;若 Z 等于零,说明时间序列无明显趋势变化。

3.3.2 滑动 T 检验

滑动 T 检验是在 T 检验的基础上对序列逐点进行 T 检验,首先介绍 T 检验法:在滑动点 τ 前后,两序列总体的分布函数分别为 $F_1(x)$ 和 $F_2(x)$,在总体 $F_1(x)$ 和 $F_2(x)$ 中分别抽取容量为 n_1 和 n_2 的两个样本,检验原假设:$F_1(x) = F_2(x)$。同时,定义统计量 T:

$$T = \frac{\overline{x_1} - \overline{x_2}}{S_w \sqrt{\left(\dfrac{1}{n_1} + \dfrac{1}{n_2}\right)}} \tag{3-5}$$

式中
$$\overline{x}_1 = \frac{1}{n_1}\sum_{t=1}^{n_1} x_t \,,\; \overline{x}_2 = \frac{1}{n_2}\sum_{t=n_1+1}^{n_1+n_2} x_t \tag{3-6}$$

$$S_w = \sqrt{\frac{(n_1-1)S_1^2 + (n_2-1)S_2^2}{n_1+n_2-2}} \tag{3-7}$$

$$S_1^2 = \frac{1}{n_1-1}\sum_{t=1}^{n_1}(x_t-\overline{x}_1)^2 \,,\; S_2^2 = \frac{1}{n_2-1}\sum_{t=n_1+1}^{n_1+n_2}(x_t-\overline{x}_2)^2 \tag{3-8}$$

并且 T 服从 $t(n_1+n_2-2)$ 分布,通过选择显著水平 α,再查分布表得到临界值 $t_{\alpha/2}$,如果 $|T|>t_{\alpha/2}$,则拒绝原假设,说明存在显著性差异;如果 $T < |t_{\alpha/2}|$,表明接受原假设,即不存在显著性差异。

传统的 T 检验只能够对已知的变异点进行验证,但是无法准确找出时间序列的变异点位置,而滑动 T 检验是在 T 检验的基础上,对序列逐点进行检验,对于序列点满足 $|T|>t_{\alpha/2}$ 的所有可能点 τ,选择统计量 T 达到最大值的点作为可能变异点 τ_0。滑动 T 检验对于长序列的数据比较精确,对于较短序列,检验结果不太理想。

3.3.3　小波功率谱分析方法

连续小波变换(Continuous Wavelet Transform,CWT)通过对小波基函数的伸缩和平移来实现。对于任意连续信号的 Morlet 小波变换如下:

$$W_f(a,b) = |a|^{-1/2}\int_{-\infty}^{+\infty} f(t)\varphi * \left(\frac{t-b}{a}\right)\mathrm{d}t \tag{3-9}$$

式中:$f(t)$ 为任意信号,a 表示伸缩参数,b 表示平移参数,$W_f(a,b)$ 表示小波变换系数,$\varphi*(\ )$ 为小波基函数的共轭函数。

小波功率谱可以通过不同尺度下的功率谱密度检验周期的显著性,小波功率谱的定义为:

$$E_{a,b} = |W_f(a,b)|^2 \tag{3-10}$$

小波功率谱是否显著,可以通过白噪声或者红噪声标准谱进行检验,假如原始信号时间序列的滞后 1 的自相关系数 $r(1)\leq 0.1$,那么,令 $r(1)=0$,该情况下采用白噪声标准谱进行时间序列的显著性检验;若原始时间序列的滞后 1 的自相关系数 $r(1)>0.1$,则采用以红噪声为标准谱的显著性检验。

同时,由 Torrence[11] 可知,小波功率谱是遵循 x^2 分布的,应先计算出小波功率谱分布的自由度,然后计算显著性理论谱 P,当某一尺度下的小波功率谱大

于理论谱时,则表明该尺度下的小波功率谱通过了显著性检验,理论功率谱的定义如下:

$$P = \sigma^2 P\alpha \cdot \frac{x_2^2}{2} \tag{3-11}$$

式中:σ^2 为原始信号时间序列的方差;$P\alpha$ 表示红噪声或者白噪声标准谱;x_2^2 表示自由度为 2 的 x^2 在置信度为 α 时的值;σ^2 和 $P\alpha$ 的基本公式如下:

$$\sigma^2 = \frac{1}{N} \sum_{i=1}^{N} (x_i - \overline{x})^2 \tag{3-12}$$

$$Pa = \frac{1 - r(1)^2}{1 + r(1)2 - 2 \cdot r(1)\cos\left(\dfrac{2\pi\delta t}{1.033a}\right)} \tag{3-13}$$

其中,上式中 δ 为时间序列的时间间隔。若 $E_{a,b} > P$,则可以说明在该尺度下的小波功率谱是显著的。

3.3.4 二元小波相干分析方法

小波相干性(Wavelet Coherence,WTC)用来反映两个时间序列在时频域的相干程度,定义为:

$$R_n^2(s) = \frac{|S(s^{-1}W_n^{XY}(s))|^2}{S(s^{-1}|W_n^X(s)|^2) \cdot S(s^{-1}|W_n^Y(s)|^2)} \tag{3-14}$$

式中:$|S(s^{-1}W_n^{XY}(s))|^2$ 为两时间序列在某一频率下波振幅的交叉积;$S(s^{-1}|W_n^X(s)|^2)$ 为振动波的振幅,S 为平滑算子,其表达式如下:

$$S(W) = S_{\text{scale}}(S_{\text{time}}(W_n(s))) \tag{3-15}$$

其中,S_{scale} 表示在小波尺度轴上的光滑,S_{time} 表示在时间上的光滑。对于 Morlet 小波,其平滑算子计算式如下:

$$S_{\text{time}}(W)\big|s = \left(W_n(s) * c_1^{\frac{-t^2}{2s^2}}\right)\big|_s \tag{3-16}$$

$$S_{\text{scale}}(W)\big|_n = (W_n(s) * c_2 \Pi(0.6s))\big|_n \tag{3-17}$$

上式中,c_1 和 c_2 为归一化常数,Π 为矩形函数,因子 0.6 为由经验确定的小波尺度的解相关长度[12]。

3.3.5 多小波相干方法

多小波相干方法（MWC）用于探究某一地球物理变量对其他多个变量协同效应的依赖关系，该理论的基础同样是基于研究变量之间的交叉小波功率谱和自小波功率谱，多预测变量 $X(X=X_1,X_2,\cdots,X_n)$ 的自小波与交叉小波功率谱矩阵为[13]：

$$\tilde{w}^{X,X}(s,\tau)=\begin{bmatrix} \tilde{w}^{X_1,X_1}(s,\tau) & \tilde{w}^{X_1,X_2}(s,\tau) & \cdots & \tilde{w}^{X_1,X_n}(s,\tau) \\ \tilde{w}^{X_2,X_1}(s,\tau) & \tilde{w}^{X_2,X_2}(s,\tau) & \cdots & \tilde{w}^{X_2,X_n}(s,\tau) \\ \vdots & \vdots & \vdots & \vdots \\ \tilde{w}^{X_n,X_1}(s,\tau) & \tilde{w}^{X_n,X_2}(s,\tau) & \cdots & \tilde{w}^{X_n,X_n}(s,\tau) \end{bmatrix} \quad (3\text{-}18)$$

其中，公式（3-18）各参数意义同式（3-14），响应变量 Y 与多预测变量 X 之间的平滑交叉小波功率谱矩阵定义如下：

$$\vec{W}^{Y,X}(s,\tau)=\begin{bmatrix} \vec{W}^{Y,X_1}(s,\tau) & \vec{W}^{Y,X_2}(s,\tau) & \cdots & \vec{W}^{Y,X_n}(s,\tau) \end{bmatrix} \quad (3\text{-}19)$$

$\vec{W}^{Y,X_i}(s,\tau)$ 表示时间为 τ 和尺度为 s 条件下 Y 与 X_i 之间的平滑交叉小波功率谱，MWC 则可表述为：

$$\rho_m^2(s,\tau)=\frac{W^{Y,X}(s,\tau)W^{X,X}(s,\tau)^{-1}W^{Y,X}(s,\tau)^*}{W^{Y,Y}(s,\tau)} \quad (3\text{-}20)$$

其中，$()^*$ 表示复共轭，$\rho_m^2(s,\tau)$ 的值为 0 到 1，值越大表明响应变量 Y 与预测变量 X_i 之间的相干性越强。上述小波功率谱、二元小波相干和多小波相干方法的 95% 显著性检验均采用蒙特卡罗法[13]。

3.3.6 多变量经验正交函数分解

多变量经验正交函数分解（MV-EOF）方法是基于变量和空间相干性对经验正交函数分解（EOF）的拓展，可用于研究多变量空间场的主模态和多要素之间的空间联系[14]，本章采用 MV-EOF 方法研究 850 hPa 水平矢量风场的变率，并以 North 准则来检验 MV-EOF 各模态的显著性。

对于某一空间场 $Y=(y_{ijk})$ 包含 $I(i=1,\cdots,I)$ 个变量，并由 $J(i=1,\cdots,J)$ 个空间点组成，其时间长度为 $K(i=1,\cdots,K)$，为分析空间场各变量的相干变化，每个变量的标准化异常序列为：

$$\bar{y}_{ijk} = (y_{ijk} - \bar{y}_i)/\sigma_i, \quad i = 1, 2, \cdots, I \tag{3-21}$$

其中，$\bar{y}_i$ 和 σ_i 分别为空间场第 i 个变量的均值和标准差，每个标准化异常序列具有相同的总方差 JK[14]，接下来则构建组合的标准化异常数据矩阵：

$$\mathbf{Z} = (z_{mk}) \tag{3-22}$$

式中，$m = 1, 2, \cdots, IJ$，$z_{1k}, \cdots, z_{JK}$ 对应着 $y_{1jk}(j = 1, \cdots, J)$，$z_{J+1,k}, \cdots, z_{2J,k}$ 对应着 $y_{2jk}(j = 1, \cdots, J)$，接下来对矩阵 $\mathbf{Z}$ 的分析就与 EOF 分析流程一致，这里不再赘述。

3.4 黄河入海水沙趋势性与变异性

3.4.1 水沙趋势性

气候的变化会影响流域大气降水的时空分布以及蒸散发量的多寡，进而导致流域径流的改变，同时径流量亦会受到流域下垫面状况和人类活动的强干扰，1970 年以来黄河流域干支流水利枢纽工程建设发展迅速，对黄河入海径流量的连续性产生了较大影响。

为分析近 70 年黄河入海径流量的演变趋势，对 1950—2019 年利津站径流量时间序列做趋势分析和五年滑动平均处理。由图 3-2 发现，近 70 年黄河入海年径流量呈现波动下降的趋势，在 1950—1970 年之间，径流量平均值较高，处在波动的偏高期，1970 年之后整体下降较快；近 70 年下降的趋向率为 64.3 亿 $\text{m}^3/10\,\text{a}$，

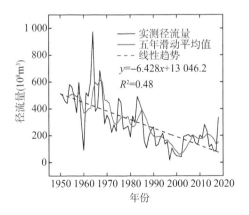

图 3-2 径流量趋势线

年均径流量为293.7亿 m³。年径流量最大值出现在1964年,年径流量高达973.1亿 m³,而最小值出现在2006年,年径流量仅为81.88亿 m³,年际极值比为11.88,可见黄河入海年径流量变化幅度是极大的。同时,对入海径流量做Mann-Kendall趋势性检验,其统计 Z 值为 -6.43,绝对值大于2.32,达到99%的显著性检验,表明近70年黄河入海径流量呈显著下降趋势。

再进一步对入海径流量的累积距平曲线趋势进行分析(图3-3),发现距平曲线大致呈倒"U"形,在1985年之前,为上升趋势,1985年之后呈下降趋势,说明径流量在1985年之前为增长趋势,之后呈下降趋势。并且1985年之前入海径流量年均值为419亿 m³,而1986年到2019年的年均值下降到156.6亿 m³,仅为1985年之前的37.4%,1970年之前,黄河流域大型水利枢纽工程较少,河流连通性顺畅,且流域降雨充沛,入海水沙量主要受气候变化影响;20世纪70年代以后,黄河干支流陆续修建了刘家峡、龙羊峡、青铜峡、小浪底等水利枢纽,黄河流域的径流逐渐被干支流的水库控制,其中,黄河干流中、上游水库除三门峡外共有7座,总库容高达314.12亿 m³,改变了黄河天然的径流状态,河流径流量显著下降。

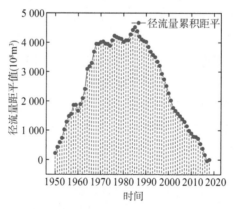

图 3-3　径流量累积距平

由图3-4可以看出,近70年入海泥沙量呈波动下降的趋势,下降的趋向率为21.4亿 t/10 a,并且在1950—1970年之间,入海泥沙量处在波动的高峰期,1970年之后开始出现大幅度下降趋势;近70年黄河入海泥沙年平均值为6.62亿 t/a,年最大值为1967年的20.9亿 t/a,而最小值为0.077亿 t/a,二者的年极值比高达271.4,可见入海年输沙量的变幅是极大的。另外,对输沙量序列做Mann-Kendall趋势性检验,其统计值 Z 为 -7.51,绝对值大于2.32,达到99%的显著性检验,表明近70年黄河入海泥沙具有显著下降的趋势。

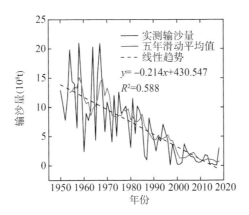

图 3-4 输沙量趋势线

再进一步通过输沙量的累积距平曲线对输沙量的趋势进行分析,由图 3-5 发现,入海泥沙量的累积距平曲线大致呈倒"U"形,其顶点出现点 1985 年,表明泥沙量在近 70 年的演变特征分为两个阶段,第一阶段为 1950 年到 1985 年,该时间段泥沙量呈增长趋势,1985 年之后开始出现下降态势,这与入海径流量的趋势演变特征基本吻合。

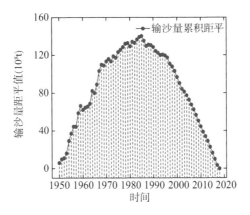

图 3-5 输沙量累积距平

3.4.2 水沙变异性

在分析 1950—2019 年黄河入海径流量趋势的基础上,通过 Mann-Kendall 非参数检验法、滑动 T 检验、累积距平法对入海径流的突变年份进行确定。首先,对入海径流量做 Mann-Kendall 突变检验,如图 3-6 所示,可以发现在 M-K

统计量曲线中,UF 曲线在 1970 年之前为上升趋势,之后呈下降趋势,表明在 1970 年后,径流量开始呈减少趋势,这与上文径流量趋势性分析结果一致。同时,可以发现在 0.05 置信度水平内,UF 和 UB 曲线在 1985 年出现交点,因此,对应的时间节点可能为径流量时间序列的突变年份。为了增加 Mann-Kendall 突变检验对径流量突变时间节点的确定的可信度,采用滑动 T 检验对径流量的时间序列进行分析,结果如图 3-7 所示。可以发现在近 70 年里,径流量序列在多个时间点处通过了 0.01 的显著性检验,其中就含有 1985 年,滑动 T 检验亦表明该年是入海径流量发生突变的年份之一。另外,通过上文的径流量的累积距平曲线(图 3-3),其转折点就发生在 1985 年,也验证了该年可能为径流量的突变年份。综合多种方法的研究,认定黄河入海径流量在 1985 年发生变异。

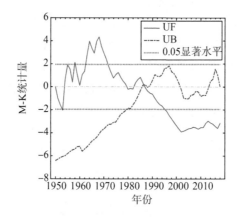

图 3-6 径流量 M-K 突变检验

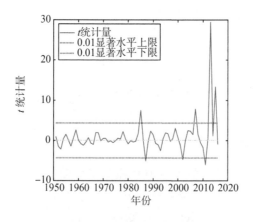

图 3-7 径流量滑动 T 检验

进一步利用 Mann-Kendall 非参数检验法、滑动 T 检验等方法对入海泥沙时间序列的突变性进行研究。图 3-8 为 1950—2018 年黄河入海泥沙的 M-K 突变检验曲线,蓝色实线为顺序时间序列的秩序列,红色点划线为逆序时间序列的秩序列。可以看到,UF 曲线在 1970 年之前处于增长的趋势,在 1970 年之后开始下降,说明在 1970 年之前入海泥沙量为增长趋势,1970 年之后开始下降,这与上述对输沙量趋势的分析结果一致。另外,可以发现输沙量的正反序列在 1996 年和 1997 年以及 2003 年均存在一个交点,而仅 1996 年和 1997 年两个年份的交点在 95% 的置信度检验水平内,因此,初步认定 1996 年和 1997 年可能为输沙量时间序列的突变节点。同时,进一步对入海泥沙时间序列做滑动 T 检验,如图3-9 所示,发现 1996 年的 t 统计量超出了 0.01 的显著性检验,表明该年可能为泥沙序列的突变年份。

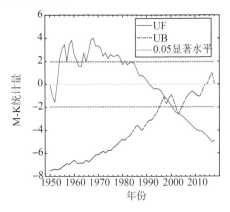

图 3-8　输沙量 M-K 突变检验

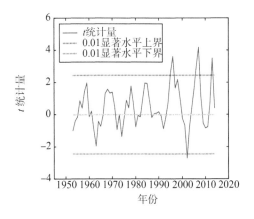

图 3-9　输沙量滑动 T 检验

因此,在结合多种方法的基础上,认为入海输沙量在 1996 年发生变异,尽管径流量和输沙量的时间序列具有较强的相关性(相关系数为 0.859),但两者的变异年份仍有一定时差,这与黄河流域"水沙异源"特性以及人类活动干扰等因素有关。

3.4.3　黄河入海水沙的多尺度特征

图 3-10 为 1950—2018 年黄河径流量的小波系数等值线图,可以反映不同时间段下的周期振荡强弱程度,以及水沙时间序列的丰、枯交替的变化现象,其中,实线为丰水阶段,虚线为枯水阶段。由图 3-11 可知,黄河入海径流量分别存在 3~5 a、9~11 a 以及 20~22 a 的尺度周期,入海径流量在年代际尺度周期上大致经历了"丰-枯-丰-枯-丰"5 个阶段,且 20~22 a 的尺度周期具有全局性,存在于径流的整个阶段,3~5 a、9~11 a 的年际尺度周期在 1985 年之前振荡较强,在 1985 年之后逐渐减弱。另外,通过 1950—2018 年入海径流量的小波方差图过程线可以看出(图 3-11),大致在 5 a、10 a 和 22 a 左右出现峰值,峰值所对应的尺度为径流量的主周期,因此可以推断,径流量多时间尺度特征是以 22 a、11 a 为显著的年代际主导周期,以 5 a 为较小尺度的年际显著周期。

图 3-12 为 1950—2018 年黄河入海输沙量的小波系数等值线图,可以反映不同时间段下的周期振荡强弱程度,以及泥沙时间序列的丰、枯交替的变化现象,其中,实线为丰沙阶段,虚线为枯沙阶段。通过分析黄河入海泥沙量的小波系数等值线图发现,1950—2018 年入海泥沙量大致存在 3 个不同的时间尺度周期,分别为 2~5 a、9~11 a、22~24 a,输沙量在 22~24 a 的年代际尺度周期上大

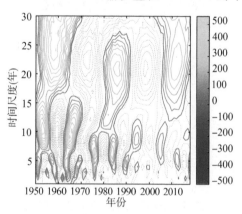

图 3-10　径流量小波系数等值线图

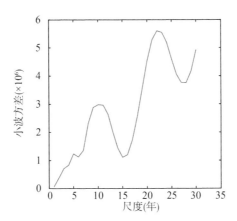

图 3-11　径流量小波方差图

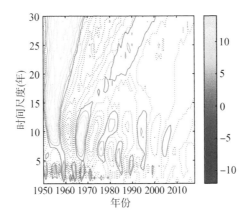

图 3-12　输沙量小波系数等值线图

致经历了"丰-枯-丰-枯"4 个阶段,并且未来几年仍为枯沙阶段,输沙量的年代际周期在 1970 年之后振荡逐渐减弱,9～11 a 尺度周期在整个时间段内较为稳定,具有全局性。同时,通过 1950—2018 年入海径流量的小波方差图(图 3-13)过程线可以看出,其小波方差大致在 3 a、11 a 和 23 a 左右出现峰值,峰值所对应的尺度为入海输沙量的显著周期,进一步可以推断,输沙量多时间尺度特征是以 23 a、11 a 为显著的年代际主导周期,小尺度的 3 a 左右的周期尺度也较为显著。

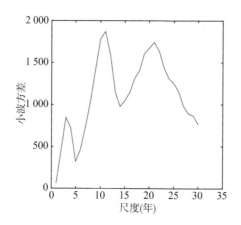

图 3-13　输沙量小波方差图

3.5　黄河入海水沙变化对多驱动因子的响应规律与机制

3.5.1　水沙变化的关键驱动要素时空变化

图 3-14 呈现的是流域降水年际时空演变特征,降水变率为 −0.16 mm/10 a,在过去 60 年黄河流域平均降水减少了约 0.96 mm,而流域平均气温在过去 68 年间上升了 1.39 ℃[15],流域呈暖干化态势。由图 3-14(a)可知,1970 年以前整个流域的降水量显著高于 1970 年之后的降水,由于黄河流域降水带的进退与旱涝变化对东亚夏季风强弱的响应较为敏感[16],而 1970 年后东亚夏季风强度开始减弱,因此,出现了流域降水量"由多转少"的年代际波动[17]。图 3-14(b)显示的是流域降水的年内分配格局,夏季(6 月、7 月和 8 月)降水占比为 55.2%,仅 7 月份就达 22.1%,降水集中度越高,由此而诱发的极端降水频率则越高,夏季也成为流域洪涝灾害易发季节。此外,东亚季风具有显著的季节性反转特征,夏季东亚夏季风易携带大量来自西太平洋的水汽进入黄河流域东部,而冬季流域气候受干冷的冬季风控制,水汽输送很弱,因此造成了黄河流域干湿季节的交替[15]。

图 3-14(c)为黄河流域降水的空间分布格局变化,可以发现流域降水的空间分布具有显著的差异性,其降水纬向梯度尤为显著。由于来自东海与渤海湾的纬向水汽输送受到太行山和吕梁山的先后阻挡,水汽量在翻越山区后锐减[17],造成河套地区的降水仅为 300 mm/a 左右。作为中国南北过渡带,流域北纬 35°N 以南区域降水量普遍在 500 mm/a 以上,呈现出纬度地带性气候的"突变"特征。图 3-14(d)显示的是流域降水的长期趋势特征,可以发现流域降水的趋势具有显著

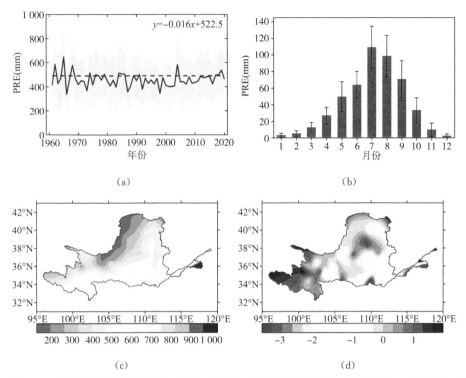

图3-14 黄河流域降水长期变化的线性趋势(a),不同月份平均降水量变化(b),降水量空间分布格局(c,单位:mm)及空间趋势变化(d,单位:mm)

空间差异性,尤其具有径向变化的非对称特征。可以发现黄河中游潼关以下区域降水呈下降趋势,降水量减少范围为-1.5 mm/a~-3.5 mm/a,这与黄建平等人的研究结果基本吻合[18]。此外,黄河源及黄河上游部分区域降水呈现显著增加趋势,其最大值超过1.5 mm/a。黄河源地处青藏高原东部,生态系统脆弱,环流系统复杂,受东亚季风、南亚季风和西风带的共同作用,该区域气温增速是全球气温平均增速的3倍,约为0.3 ℃/10 a[19],而气温的显著升高与黄河源降水的持续增加密切相关。

图3-15(a)显示黄河流域年潜在蒸散量具有显著的年际波动特征,其平均值为953.5 mm/a,可以看到流域潜在蒸散量呈显著下降的趋势($p<0.05$),其线性下降率为-0.75 mm/a[图3-15(a)],而整个流域在过去68年平均气温上升了1.39 ℃,因此黄河流域潜在蒸散量存在显著的"蒸发悖论"现象,这与国内外诸多同类研究结论一致[18]。黄河流域不同月份的潜在蒸散量变化亦具有显著的差异性,其中夏季潜在蒸散量最多(422.3 mm/a),占全年的44.3%,且6月和7月平均潜在蒸散量均超过145 mm;冬季的平均潜在蒸散量最少,平均为66.1 mm/a,仅占全年的6.9%[图3-15(b)]。

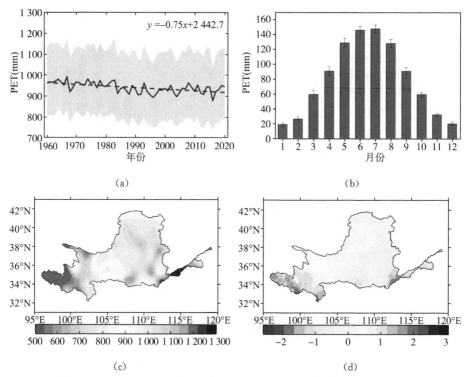

图 3-15　黄河流域潜在蒸散量长期趋势(a),不同月份潜在蒸散量的平均变化(b),潜在蒸散量的空间分布格局(c,单位:mm)及空间趋势变化(d,单位:mm)

流域潜在蒸散量存在显著的空间异质性,主要呈"东高西低,南高北低"的分布格局[图 3-15(c)]。黄河源区平均潜在蒸散量普遍在 650 mm/a 以下,主要由于唐乃亥以上的黄河源位于高寒区,这在很大程度上限制了区域的潜在蒸散量。黄河源唐乃亥至中游区潜在蒸散量则在 800 mm/a~1 100 mm/a 之间,而下游区可达到 1 200 mm/a 以上[图 3-15(c)]。黄河流域年潜在蒸散量趋势变化存在显著的空间异质性,黄河源区主要呈增加趋势,中游区域的变化较为微弱,而下游则主要呈显著下降的趋势[图 3-15(d)]。同时,黄河源由于青藏高原独有的动力和热力作用,对气候的响应更为敏感,如黄河源区也是整个流域升温最快的区域,尤其是近 30 年增温速度是全球平均增速的 3 倍[19],这有力地佐证了黄河源区潜在蒸散量显著增加的事实。

在选取的大尺度环流因子中,AO 和 NAO 的振荡过程具有相似性,其 Pearson 相关系数为 0.605;同时,二者相位转变均较为频繁[图 3-16(a)和图 3-16(b)]。实际上,AO 和 NAO 本质是一致的,是同一事物在不同方面的表现,均反映了北半球高纬度和中纬度西风的强弱,只是 AO 的经向尺度更大,

NAO 是其在北大西洋区域的表现[20]。PDO 相位转变的周期较长,每个相位阶
段基本维持在 20 a 以上,在 1976 年之前主要为负相位,之后以正相位为主[图
3-16(c)]。SOI 和 Nino 3.4 指数具有显著的负相关性,其 Pearson 相关系数
为-0.703;其实,二者均为衡量 ENSO 现象的重要指标。一般情况下,ENSO
事件与 SOI 值的变化呈现反向关系,ENSO 事件发生时,赤道太平洋东部海温
升高,而大气环流模式也出现相应的反常,这种情况下,SOI 值往往会持续为负,
且较低的 SOI 值通常与较强的厄尔尼诺事件相关[21],可以看到 ENSO 事件的
周期变化是不规则的,其持续时间也是非固定的[图 3-16(e)]。北大西洋年代
际振荡(AMO)相位变异周期较长,在 1965 年之前主要呈正相位,而之后的
30 年以负相位为主导模态,1995 年之后又转为正相位[图 3-16(f)]。

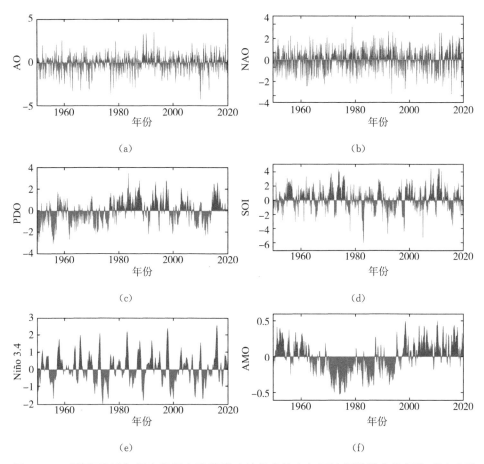

图 3-16 对黄河流域气候变率具有显著影响的代表性大气环流指数的变化规律,从(a)到 (f)分别为 AO(a)、NAO(b)、PDO(c)、SOI(d)、Nino 3.4(e)和 AMO(f)

探究大尺度环流的自然周期规律对加深理解流域或全球尺度气候变率及预测具有重要意义,图 3-17 展示的是不同环流的长期周期振荡规律,可以发现不同大气环流在不同时频域的显著周期持续时间与强度具有明显差异性。实际上,多数大气环流并无规律性波动特性,且其自然周期属性亦很难捕获,AO 作为北半球大气低频变率的主导模态,其自然周期强度显著高于 NAO,AO 在 1960—1969 年存在显著的准 3 a 左右的周期,在 1970—1999 年则存在更为显著的准 10 a 周期和 10 a 以上的年代际周期[图 3-17(a)]。而 PDO 的年代际周期要显著强于年际周期,如在 20 世纪 90 年代末存在显著的准 10 a 左右的周期振荡,同时,10 a 以上年代际周期波动亦十分显著[图 3-17(c)]。SOI 和 Nino 3.4 指数均表现出了显著的年际周期振荡规律,如 Nino 3.4 在整个研究时段均存在显著的 2~7 a 周期变化[图 3-17(e)],同时,SOI 和 Nino 3.4 的年代际周期(11 a 左右)在 1970 年之后亦有较强的波动特征。AMO 年代际周期尺度显著强于年际周期,在整个研究时段存在准 10 a 左右的周期,同时 20 a 左右的周期在 20 世纪 70 年代末期至 2010—2019 年也较强[图 3-17(f)]。

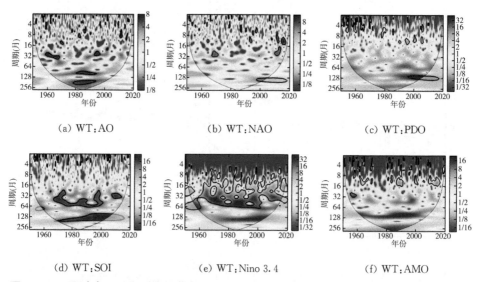

(a) WT:AO   (b) WT:NAO   (c) WT:PDO

(d) WT:SOI   (e) WT:Nino 3.4   (f) WT:AMO

图 3-17 不同大气环流多尺度振荡变化规律,从(a)到(f)分别为 AO(a)、NAO(b)、PDO(c)、SOI(d)、Nino 3.4(e)和 AMO(f)

3.5.2 水沙多尺度变化对多驱动因素的响应规律

水沙输运过程本身具有多尺度行为特性,且该过程同时受水圈、大气圈、生物圈等多圈层多种驱动要素的共同作用(图 3-18),多种要素之间亦存在复杂的

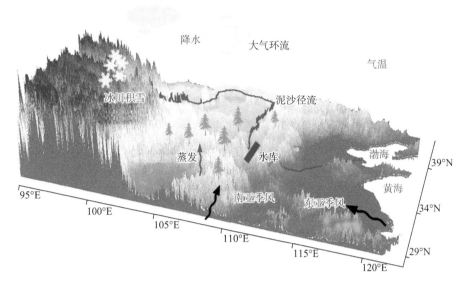

图 3-18 黄河流域水沙通量变化与多圈层多驱动因素相互作用示意图

正负反馈关系。其中,全球海洋可以通过控制陆气之间的热力交换从而调节区域或全球尺度的气候变化,热带太平洋和印度洋等海域海表温度(SST)和海平面压力(SLP)的波动是全球大尺度环流的主要驱动力,这种季尺度到年代际尺度的遥相关振荡模式会深刻地影响全球气候变率;如 El Nino/La Nina 极易造成我国季风区降水和气温快速地剧烈波动,以及诱发极端洪水或干旱事件,进而对流域水沙循环的多尺度过程形成显著的调控作用[22]。此外,北极涛动(AO)作为北半球热带外中高纬度地区重要的年际尺度大气振荡信号,普遍认为 AO 通过影响西伯利亚高压、西风带与 Rossby 波等活动,进而影响黄河流域暖湿水汽的输送[23],使得 AO 与黄河流域冬季降水存在显著的尺度依赖关系。

蒸散是陆地表面液态水转化为水汽的主要过程,流域上空水汽总量越大,气块上升至自由对流高度所获的抬升力越大,气层的不稳定性增强,降水更容易形成,而气温升高则会引起蒸发作用的加强,黄河流域大部分区域为半干旱、干旱区,因此流域的蒸散量对水分的依赖性较强,降水的多寡又成为蒸散量大小的主控因素之一[24]。流域气温、蒸散过程具有显著的季节性、年周期尺度,在多种气象因素的耦合作用下,流域水沙循环过程亦表现出复杂的波动特性。同时,流域尺度的下垫面属性也会与气候变率以及水沙循环过程形成互馈关系;土壤水作为陆气相互作用的重要媒介,可以直接或间接改变土壤热容量等属性,也可以抑制或促进植被的生长;一方面,植被冠层会有效拦截降水,减少对地表的直接冲击,植被根系也会增加土壤持水能力和固土能力,有效减少水沙的形成;另一方面,湿润的土壤也会加快陆面蒸发进而促进降水的形成,从而使流域尺度水文要素之间形成复杂的正负互馈联系[25]。

目前,独立驱动因素对水沙输运过程多尺度变率的影响研究成果较为丰硕,然而对于多要素与水沙之间的协同作用关系却鲜有报道。那么,在流域复杂变化的环境背景下,不同区域水沙多尺度变率存在何种共性与差异,流域水沙变化对不同驱动因子的响应是否具有一致性,水沙多尺度变率对不同驱动因子的协同作用存在何种依赖关系,以及又有着怎样的作用机制,本节则着重探讨这些问题。

(1) 水沙通量多尺度演变过程对独立控制因素的响应

为探究黄河入海径流变化对不同驱动因素的依赖关系及其差异性,选取了对流域尺度径流影响最为显著的气象因素(降水、气温、潜在蒸散量和雨日)与大气环流(AO、NAO、PDO、SOI、ENSO 和 AMO)因素,采用小波相干性模型(WTC)对多因素与径流间的尺度依赖关系及响应程度进行了分析。图 3-19 为

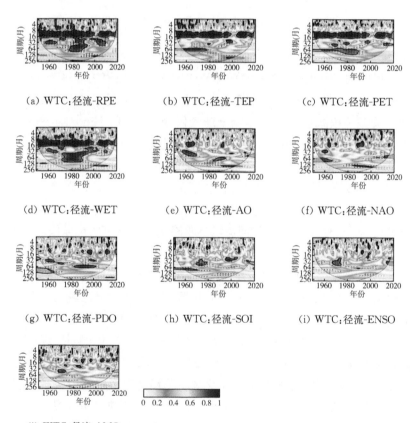

(a) WTC:径流-RPE   (b) WTC:径流-TEP   (c) WTC:径流-PET

(d) WTC:径流-WET   (e) WTC:径流-AO   (f) WTC:径流-NAO

(g) WTC:径流-PDO   (h) WTC:径流-SOI   (i) WTC:径流-ENSO

(j) WTC:径流-AMO

图 3-19 黄河入海径流量与单因子之间的小波相干性分析

黄河入海径流与不同因子之间的二元小波相干谱图,图中黑色的锥形细实线为小波影响锥(COI)区域,该区域两侧阴影部分由于数据的边缘效应而不予考虑,图中内部黑色粗实线表明该区域通过了 95% 的显著性检验,其中颜色越红,对应时域内的相干性越强,箭头方向表示二者之间的相位关系,向右为正相位关系,向左为负相位,向上表明径流提前影响因子 1/4 个周期,反之为滞后 1/4 个周期[26]。

这里,采用径流与不同驱动因素之间的平均小波相干性(AWC)值表示二者之间在所有尺度下依赖程度的强弱[26],该值范围为 0~1。计算发现大气环流与径流之间的 AWC 普遍低于 0.4,而气象因素与径流之间的 AWC 普遍高于 0.4,说明气象因素与黄河入海径流量尺度依赖关系更强。其中在气象因素中,降水(PRE)和雨日(WET)可以更好地解释径流的多尺度变化,且径流与气象因素均存在显著的季节性和年周期尺度依赖关系,二者以正相位为主,且在 2000 年左右出现了短暂的间断性。

大气环流因素与径流显著相干性的时间具有较强的间歇性,且相位关系较为复杂,这是由于大气环流本身复杂的振荡规律所致。黄河入海径流与 AO 相干性显著的周期尺度主要为 3 a 左右,尤其在 1960—1969 年显著性较强,部分时频域通过了 95% 显著性检验,其他时频域的尺度依赖关系比较分散。黄河入海径流均与 NAO 在多时间尺度内具有显著的间歇性的相干关系,且二者在小时间尺度(季节性)的依赖关系最为显著,1980 年前 3~9 a 的周期尺度内二者之间的尺度依赖关系通过了 95% 的显著性检验;此外,二者相位以正 45°~90° 为主,表明径流的振荡过程滞后 NAO 1.5~3 个月。PDO 与黄河入海径流在多时间尺度上也具有间歇性的依赖关系,如整个时段均存在季节性相干关系,在 3~5 a 的时间尺度二者也具有显著的依赖关系,尤其在 1960—2000 年,而值得注意的是,PDO 与径流主要以负相位为主。SOI 和 ENSO 与入海径流之间的尺度依赖关系较为相似,二者与径流在 1970—1979 年在 3~5 a 的周期尺度存在显著的相干关系,但明显的是,二者与径流之间的相位关系相反。AMO 与径流的依赖关系主要存在于年和季节性周期尺度,且这种间歇性的振荡关系存在于整个研究时段,这也进一步表明 AMO 与黄河入海径流存在持续性的作用关系。

输沙量的多尺度变率与多重因素之间也存在复杂的作用关系,同样采用 WTC 分析独立环境因子与输沙量之间的尺度依赖关系及其差异性(图 3-20)。黄河入海输沙多尺度变率与多种环境因子均存在不同程度的相干关系,由黄河入海输沙量与其主导控制因素降水之间的 WTC 可以发现,二者在季节与年周期存在显著的尺度依赖关系,仅在 2000 年左右出现间断,且输沙与降水之间的季节和年周期均为正相位。此外,其余气象要素与输沙之间的尺度依赖关系极为相似,这里不再赘述。环流因子与输沙之间的尺度依赖关系较为复杂,且环流因子与输沙量之间的尺度依赖关系显著弱于气象要素与输沙之间的尺度依赖关系。黄河入海输沙量与 AO 之间的尺度依赖关系显示,二者在 1960—1969 年在 3 a 左右的周期尺度范围内存在显著的相干关系,且以正相位为主。NAO 和 AO 对输沙多尺度变率的影响较为相似,其实 AO 和 NAO 均反映的是中纬度西风的强度大小及其位置,二者本质是相似的,为同一事物在不同侧面的表现,AO 相对于 NAO 而言,其尺度更大,影响范围更广,NAO 仅为 AO 在北大西洋附近区域的体现。黄河入海泥沙与 PDO 相干性显著的周期尺度主要为 3～5 a,二者该尺度上以负相位为主;PDO 与输沙在年周期尺度的显著相干区域比较分散,且存在于整个研究时段。SOI 和 ENSO 与输沙之间的依赖关系基本相似,这是由于二者均是衡量厄尔尼诺-拉尼娜现象的指标,一般情况下,二者的值呈现反向关系,可以发现,二者与黄河入海输沙的 WTC 结果的相位关系基本相反,在

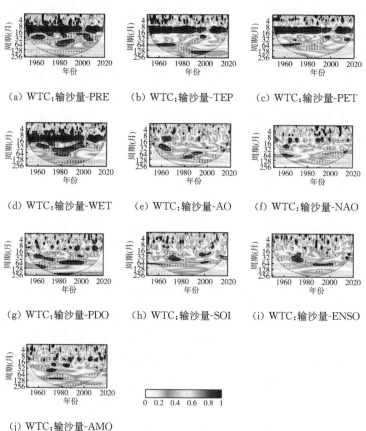

(a) WTC:输沙量-PRE　　(b) WTC:输沙量-TEP　　(c) WTC:输沙量-PET

(d) WTC:输沙量-WET　　(e) WTC:输沙量-AO　　(f) WTC:输沙量-NAO

(g) WTC:输沙量-PDO　　(h) WTC:输沙量-SOI　　(i) WTC:输沙量-ENSO

(j) WTC:输沙量-AMO

图 3-20　黄河入海输沙量与单因子之间的小波相干性分析

1970—1979 年期间的 3~5 a 的周期尺度 ENSO 与输沙主要呈负相位关系,而 SOI 与输沙在该时频域主要为正相位。AMO 与输沙的多尺度相干性关系在年周期最为显著,呈现出了显著的间歇性的依赖关系,尤其在 1970 年后,二者的相位关系也表现出了多变性。

(2)多驱动因子对水沙多尺度过程的协同作用

水沙通量的变化过程往往具有复杂的行为特征,其本身同时受多种控制因素的调控,单一环境因子与水沙通量变化过程的相互作用研究难以全面捕获水沙多尺度变率的非线性动力特征。此外,水沙变量多尺度过程与不同因素的依赖关系是非均匀和非连续的,多元小波相干方法(MWC)可以有效揭示水文变量在多时间尺度与多种控制因素耦合作用下的复杂时空变异性。图 3-21 给出了黄河入海径流量与不同因子耦合的多小波相干(MWC)关系,可以发现,在不同因子耦合后对径流多尺度变化率的解释能力显著增强。其中,在双变量环流因子的耦合模拟中,发现径流量对 AO 和 NAO 耦合最为敏感,显著相干区域也均在 1980 年之前的 3~8 a 的尺度周期。气象要素与大气环流因子耦合对径流多尺度变率的协同作用显著增强,且体现在所有时间尺度,特别是在 2000 年以前,入海径流与降水-北极涛动耦合存在连续的共振现象,时间尺度为季节性到年际周期。此外,黄河入海径流的多尺度变率与双变量气象因素 PRE-PET 之间的尺度依赖关系同样十分显著,且在年周期存在连续的相干关系,3~5 a 的周期尺度也表现出强相干性。值得注意的是,双变量气象要素耦合(PRE-PET)与径流

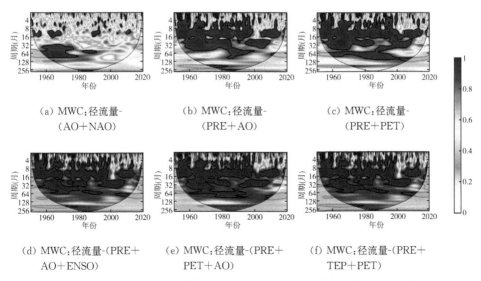

(a)MWC:径流量-　　　(b)MWC:径流量-　　　(c)MWC:径流量-
　(AO+NAO)　　　　　　(PRE+AO)　　　　　　(PRE+PET)

(d)MWC:径流量-(PRE+　(e)MWC:径流量-(PRE+　(f)MWC:径流量-(PRE+
　AO+ENSO)　　　　　　PET+AO)　　　　　　TEP+PET)

图 3-21　黄河入海径流量与多驱动因子之间的多小波相干性(MWC)分析

之间的 AMWC 略低于 PRE-AO 耦合对径流的影响,这归因于降水和气温或潜在蒸散量之间存在显著的共线性现象,即双气象要素对径流变率的解释在不同尺度上具有相似性,二者之间某一要素对径流多尺度变率的解释会被另一种要素所抵消。

通过上述黄河入海径流多尺度变率对独立或双变量要素之间的尺度依赖关系分析,发现随着环境控制因素的增加对径流变化的解释能力显著增强。为全面揭示不同要素耦合对径流多尺度变率的调控规律,继续深入探究更多变量耦合与径流在不同时频域的相干关系。可以发现三种因素的耦合与径流在不同时频域的相干性差异主要在年代际周期尺度,仅包含气象要素(PRE-TEP-PET)的耦合与径流在 5 a 及以上周期的尺度依赖关系较弱,特别是通过 95% 显著性检验的区域较少(图 3-21),这归因于多种要素之间共线性作用导致的重叠效应降低了某些因素的方差贡献[13]。此外,由于海洋的巨大热容量,海洋气候信号通常持续时间较长,这使得大尺度环流因子潜在的可预测性更强,对流域径流年代际周期尺度的作用更显著[26]。同时,发现不同类型的三因素耦合与径流在年周期尺度的依赖关系均在 1980 年之后呈间歇性特征。此外,不同类型的三因素耦合在年际周期对径流多尺度变率的解释也具有一定相似性,特别是在 2000 年之前的 3~5 a 周期尺度。

输沙量同样作为河流演化过程的重要组成部分,流域不同区域的泥沙侵蚀搬运受到多重因素的直接或间接约束,那么,多重环境因素对输沙多尺度变率的协同效应又有怎样的规律特征呢?同样,基于 MWC 方法探究黄河流域输沙量与不同环境因素耦合的尺度依赖关系。在双环流因子的耦合中,AO-SOI 与入海输沙量之间的尺度依赖关系表现出了显著的连续性,尤其在 2000 年之前的 5a 左右的周期,二者相关关系通过了 95% 的显著性检验。由黄河入海输沙量与气象要素-大气环流因子耦合的多小波相干(MWC)关系,可以发现在所有时间尺度下二者之间的依赖关系均显著增强,特别是在季节、年和年际周期尺度范围。黄河入海输沙量对双变量气象要素-大气环流因子耦合最敏感的模式为PRE-PDO,该模式与输沙量之间的年际、年代际周期的依赖关系显著增强,但输沙量与 PRE-WET 之间的尺度依赖关系强度并未超过双变量气象要素-大气环流因子的耦合,特别是在年代际周期的相干关系减弱。一方面在于气象要素包含的年代际信号弱于大气环流因子;另一方面亦归因于 PRE-WET 之间存在显著的共线性问题,从本质上讲,降水和雨日均代表了同一属性的自然现象,尽管二者的耦合作用可以较好地解释输沙量多尺度变率,但某一种要素会在某一尺度掩盖或削弱另一因素对于输沙量多尺度变率的解释贡献方差[26]。这就弱化了双变量气象因素耦合模式对黄河流域输沙量变化的解释能力。双变量耦合较独立因素对输沙量多尺度变率的解释贡献显著提升,因此,阐明更多驱动因素耦合与黄河流域输沙量多尺度依赖关系是必要的。经过模拟可以发现,三种环境因子耦合与输沙量之间的 AMWC 均超过了 0.8,但是通过显著性检验的区域并未出现全部上升的情况。但值得注意的是,三种环境变量中 PRE-AO-EN-SO 的 AMWC 超过了 0.92,表明该耦合模式对输沙量多尺度变率具有显著的解释能力,这与径流对多驱动因素协同作用的响应具有高度一致性。黄河入海输沙量与多驱动因子之间的多小波相干性(MWC)分析如图 3-22 所示。

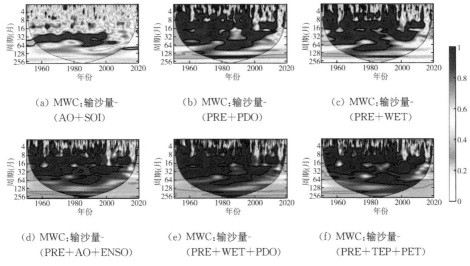

（a）MWC:输沙量-
（AO+SOI）

（b）MWC:输沙量-
（PRE+PDO）

（c）MWC:输沙量-
（PRE+WET）

（d）MWC:输沙量-
（PRE+AO+ENSO）

（e）MWC:输沙量-
（PRE+WET+PDO）

（f）MWC:输沙量-
（PRE+TEP+PET）

图 3-22　黄河入海输沙量与多驱动因子之间的多小波相干性(MWC)分析

（3）多驱动因素协同效应的可能内在机理

上文系统地揭示了黄河流域水沙多尺度演变过程与不同环境因素之间的依赖关系,发现多驱动因素耦合对水沙过程的影响确实存在显著的协同效应。然而,一个很重要的问题是,既然 PRE-AO-ENSO 耦合模式能够更好地解释水沙多尺度变率,但其各动力因素之间存在着怎样的作用机理,又是通过怎样的路径搭建起与水沙多尺度过程的潜在联系,这些都是值得探讨的问题。实际上,上述研究也证实,降水是流域尺度水沙多尺度变率的主导性驱动力,而 AO 和 ENSO 的发生、发展和衰亡均依赖于其他中间媒介间接调控,尤其是通过间接的海气相互作用制约降水的形成、演化和分布,进而使得水沙演变呈现显著的多尺度波动特征。

大气环流因子主导着全球热量和水分的再分布,在全球气候变化中具有主导作用,ENSO 作为影响黄河流域最重要的大尺度气候系统之一,众多研究已证明 ENSO 对流域降水结构与演变特征具有显著影响[27]。同时,西北太平洋异常反气旋(Western North Pacific Anomalous Anticyclone,WNPAC)是传递 EN-SO 对东亚气候影响的重要桥梁,在厄尔尼诺事件发生期间会造成西北太平洋地区海平面正异常,从成熟年冬季持续到次年夏季,这即为 WNPAC 的一种具体体现[28]。目前,对 WNPAC 的形成和维持机制存在多种观点,在厄尔尼诺峰值后的夏季印度洋海温异常增暖会激发向东传播的 Kelvin 波,当该波动传至西北太平洋地区上空时因边界层摩擦而激发出 Ekman 辐散,边界层辐散抑制对流潜热释放进而形成了异常反气旋[29];此外,热带北大西洋海温会在厄尔尼诺峰值的第二年春夏季升高,大气对该区域暖海温的 Gill 型响应导致与 Kelvin 波相伴随的异常东风延伸到西太平洋,而异常东风通过 Ekman 抽吸效应产生的辐散导致对流减弱[30],从而在西北太平洋形成异常反气旋(图 3-23)。

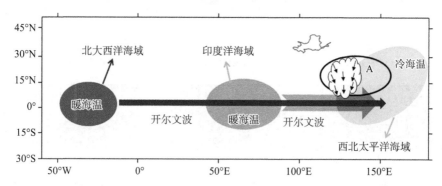

图 3-23　西北太平洋异常反气旋(WNPAC)在厄尔尼诺次年夏季期间的形成机制示意图

　　WNPAC 年际变化(包括强度和位置)在调控东亚季风和中国降水演变方面具有"大气桥"的作用,WNPAC 西北侧异常偏南风会使得东亚冬季风出现衰减,而会导致次年的东亚夏季风加强,这将增强热带海洋水汽向中国内陆的输送,异常水汽在翻越秦岭和黄土高原南坡等区域后,在山脉地形抬升的气候效应影响下,使得黄河流域夏季降水的强度、范围和频次发生显著改变[31]。图 3-24(a)给出了区域 0°～50°N,100°～150°E 高度为 850 hPa 风场的多变量经验正交函数分解的第一模态,该模态的方差贡献为 46%,该模态通过了 95% 的 North 显著性检验且具有独立性。可以发现在西北太平洋存在一个较强的异常反气旋(红色矩形 A 区域内),降水负异常主要集中在 WNPAC 的南侧,正异常区域则主要位于 WNPAC 西北和西南侧的两翼,尤其是 WNPAC 西南侧热带海洋的湿润水汽将被输送到中国东部,造成东亚夏季风期间显著的降水高峰,黄河流域亦在其影响范围内,尤其是黄河流域中下游部分。图 3-24(b)为 MV-EOF 第一模态时间系数 PC1 与 WNPAC 指数和 Nino3.4 指数之间的相关散点图,其中 WNPAC 指数(I_{WNPAC})定义为区域($22.5°\sim32.5°N,110°\sim140°E$)和($5°\sim15°N,90°\sim130°E$)在高度为 850 hPa 的纬向风区域平均差异。显然,PC1 和 WNPAC 指数存在显著相关关系($r=0.89,p<0.05$),而 Nino3.4 指数和 PC1 之间亦存在显著的相关性($r=0.48$),这也进一步证实 ENSO 在调控东亚气候过程中 WNPAC 起着重要桥梁作用。

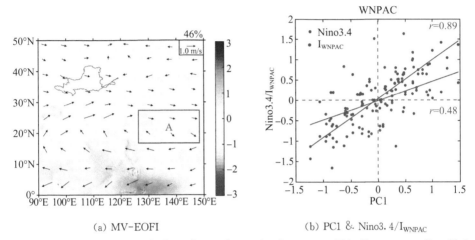

（a）MV-EOFI　　　　　　　（b）PC1 & Nino3.4/I_{WNPAC}

图 3-24　1950—2019 年区域 $0°\sim50°N$、$100°\sim150°E$ 在 850 hPa 风场的 MV-EOF 第一模态空间分布格局,其彩色背景为夏季平均降水对 MV-EOF 第一模态时间系数的回归(a),MV-EOF 第一模态时间系数 PC1 与 WNPAC 指数和 Nino3.4 指数之间的相关关系(b)

同时,诸多研究证实 WNPAC 位置也存在明显的季节和年际尺度的变化,厄尔尼诺成熟年冬季 WNPAC 主体范围一般在(EQ-$30°N$、$110°\sim160°E$),而次年春夏季则会向东延伸,其南北宽度亦会显著减小,在年际尺度 WNPAC 则主要呈现南北向的移动特征[32],这在一定程度上也会影响热带海洋水汽的输送,进而增强或削弱东亚区域的降水变率。图 3-25 给出了 850 hPa 位势高度场对同期 WNPAC 位置指数的回归场,可以发现在北半球中高纬度地区上空回归场主要呈现正异常,而在正异常以北更高的纬度区域具有大范围的负异常,这与北极涛动(AO)的正相位特征具有高度一致性,且 WNPAC 同期的位置指数与 AO 指数之间的相关性为 0.41($p<0.1$),说明 WNPAC 的位置转变与 AO 具有显著关联性,即印证了 AO 和 ENSO 在调控西北太平洋异常反气旋过程中存在显著的协同效应,这与 Chen 等人[33]的研究结论具有一致性。同时,AO 作为北半球热带外大气低频变率的主要模态,而 ENSO 则为热带太平洋年际尺度强变异信号,将二者的作用联系起来研究它们的气候效应,有利于综合考虑热带海洋和

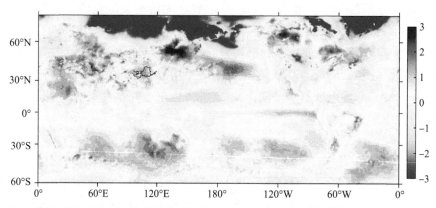

图 3-25 850 hPa 位势高度场(单位:gpm)对 WNPAC 位置指数的回归场

热带外大气的作用。

由上述可见,PRE-AO-ENSO 耦合模式的协同作用在调控黄河入海水沙多尺度变率过程中具有主导作用,且降水对水沙变化的影响作用更为直接,AO和 ENSO 则是以西北太平洋异常反气旋(WNPAC)为桥梁,二者共同决定 WN-PAC 的形成与维持、强度和位置等多尺度演变特征,进而引起西北太平洋环流异常,该异常信号将通过调节东亚季风和水汽输送的多尺度变率而直接约束降水结构、分布和多寡。当然,详细的物理过程还需要利用高分辨率并能较好地模拟海气相互作用的大气环流模式进行数值试验来进一步探究。

3.6 人类活动对水沙通量与多驱动因素内在关系的影响

近几十年,人类活动以前所未有的速度和程度对现代地表环境造成了不可逆的影响,同时,人类活动干扰作为影响流域水沙通量自然状态变异的主要动力过程,尤其是农业、城镇化对土地覆盖的改变和水利工程建设等深刻地扭转了水沙通量的演变状态。因此,人类活动对水沙通量与多驱动因素之间的内在关系造成的不确定性影响值得探讨。通常来说,人类活动对水沙通量变化的干扰是季节性的[34],而本章对水沙通量与多种驱动因素之间响应关系的研究关注了所有时频尺度,这在很大程度上有效削弱了人类活动对研究结果的影响。人类活动对陆面水文过程的调节效应分为间接影响和直接影响两种:间接影响一般通过改变陆面状态、局地气候等调节水文循环过程,如植被恢复、城市化和围垦造田等,其水文效应是缓慢渐变的;而直接影响包括流域广泛的水坝建设、跨流域调水等使得水文要素在时空尺度发生转变的措施,此类人类活动一般干扰范围小且时间短,但可迅速改变局部或流域水文循环的自然节律,且这种影响具有持久性和长期性特征[35-36]。基于此,以黄河流域主要大型水库运行时间[龙羊峡(1986)、刘家峡(1968)、三门峡(1960)和小浪底(1999)]为节点,着重探讨水库运行对水沙通量与多驱动因素内在关系的不确定性影响。

由黄河入海水沙通量的多尺度变化过程可知(图 3-10~图 3-13),在整个研究时段水沙通量的振荡强度并未出现显著衰减,同时,图 3-19 和图 3-20 显示水沙与气象要素的年周期尺度相干性在整个研究时段始终保持连续的振荡关系,这表示干流水库运行并未显著改变水沙通量与不同驱动因子之间的协同演化关系。黄河入海水沙通量季节性和年周期尺度在整个研究时期亦未曾消失,尽管在小浪底水库运行后出现衰弱迹象,但是从水沙通量与气象要素之间的 WTC 结果来看,二者之间的协同演化规律始终存在并具有较强的共振周期。水库运行干扰依旧不会影响黄河入海水沙通量与不同驱动要素之间的内在关系,水沙通量在整个研究时间段的年周期振荡并未消失,而是仅在小浪底(1999)水库运行后出现短暂衰减,事实也表明水库调蓄对河川水沙季节性、年内和年际尺度特征变化的控制是较为缓慢和渐变的。

但是流域尺度下人类活动是广泛和多样的,CO_2 浓度升高增强了大气温室效应,从而通过辐射强迫效应改变了陆气能量平衡以及热力学和动力学过程[37];此外,CO_2 浓度升高也会直接影响植被生理生态过程,导致植被叶片气孔导度降低和叶面积增加,从而影响流域水文过程的自然演变状态[37]。同时,人为排放气溶胶的增加也可通过改变地表辐射平衡过程和海陆热力差异从而影响季风环流,而伴随季风产生的水汽通量也对降水的形成和分布带来显著影响[38]。总之,人为活动对陆表水文循环的干扰呈现显著的多尺度非线性特征,目前,揭示复杂的人类活动对黄河水沙通量与不同驱动因子之间内在关系的影响仍具挑战性,在未来气候变化背景下,仍需进一步采用完善的地球系统模式与其他水文模型耦合厘清人类活动对水沙通量变化带来的诸多影响。

3.7 本章小结

(1) 近 70 年黄河入海径流量呈显著下降的趋势,其突变年份发生在 1985 年,并且 1985 年之前入海径流量年均值为 419 亿 m^3,而 1986—2019 年的年均值下降到 156.6 亿 m^3,仅为 1985 年之前的 37.4%。黄河入海输沙量与径流量的演变特性呈现出了高度一致性,但输沙变异年份发生在 1996 年左右,这与黄河流域"水沙异源"特性以及人类活动干扰等因素有关。黄河入海水沙具有显著的多尺度特征,主要表现在具有显著的季节性、年际和年代际的振荡特征。对于径流而言,在年代际尺度周期上大致经历了"丰-枯-丰-枯-丰"5个阶段,且20～22 a的尺度周期具有全局性,3～5 a、9～11 a的年际尺度周期在1985年之前振荡较强,在1985年之后逐渐减弱。输沙量在22～24 a的年代际尺度周期上大致经历了"丰-枯-丰-枯"4个阶段,9～11 a尺度周期具有全局性,输沙量以23 a、11 a为显著的年代际主导周期。

(2)通过WTC模型剖析水沙通量与独立环境要素的依赖关系,发现降水和雨日可以更好地解释入海水沙通量的多尺度变化,且水沙与气象因素均存在显著的季节性和年周期尺度依赖关系,二者以正相位为主。大气环流因素与水沙通量显著相干性的时间具有较强的间歇性,且相位关系较为复杂。随着耦合因素的增加耦合模式对水沙多尺度变率的解释能力显著增强,尤其是提升了对水沙季节、年和年际周期多尺度变率的解释能力。其中,PRE-AO-ENSO三要素的协同作用与水沙在所有时频域的AMWC值最高,其中,在PRE-AO-ENSO耦合模式中降水对水沙的影响更直接,AO和ENSO通过协同调控西北太平洋异常反气旋(WNPAC)的形成与维持进而间接影响降水变化,从而将二者的多尺度效应传递到水沙变化过程。此外,气象要素间存在的共线性作用导致的重叠效应削弱了某些因素对水沙通量的解释方差,造成多气象要素耦合与水沙通量多尺度相干关系出现衰减的趋势。

主要参考文献

[1] 王俊杰,拾兵,巴彦斌. 近70年黄河入海水沙通量演变特征[J]. 水土保持研究,2020,27(3):57-62,69.

[2] Liu F, Hu S, Guo X, et al. Recent changes in the sediment regime of the Pearl River (South China): causes and implications for the Pearl River Delta[J]. Hydrological processes,2018,32(12):1771-1785.

[3] Güneralp B, Güneralp I, Liu Y. Changing global patterns of urban exposure to flood and drought hazards[J]. Global environmental change:human and policy dimensions,2015,31:217-225.

[4] 董孝斌,刘梦雪. 土地利用/覆盖变化-生态系统服务-人类福祉关系研究进展[J]. 北京师范大学学报(自然科学版),2022,58(3):465-475.

[5] Yang S, Xu K, Milliman J, et al. Decline of Yangtze River water and sediment discharge:impact from natural and anthropogenic changes[J]. Scientific reports,2015,5(1):12581.

［6］Li L,Ni J,Chang F,et al. Global trends in water and sediment fluxes of the world's large rivers[J]. Science bulletin,2020,65(1):62-69.

［7］Wang H,Wu X,Bi N,et al. Impacts of the dam-orientated water-sediment regulation scheme on the lower reaches and delta of the Yellow River(Huanghe):a review[J]. Global and planetary change,2017,157:93-113.

［8］许炯心.流域降水和人类活动对黄河入海泥沙通量的影响[J].海洋学报(中文版),2003(5):125-135.

［9］Barbulescu A. A new method for estimation the regional precipitation[J]. Water resources management,2016,30(1):33-42.

［10］Jena S,Panda R,Ramadas M,et al. Characterization of groundwater variability using hydrological,geological,and climatic factors in data-scarce tropical savanna region of India[J]. Journal of hydrology:regional studies,2021,37:100887.

［11］Torrence C,Compo G. A practical guide to wavelet analysis[J]. Bulletin of the American meteorological society,1998,79(1):61-78.

［12］Grinsted A,Moore J,Jevrejeva S. Application of the cross wavelet transform and wavelet coherence to geophysical time series[J]. Nonlinear processes in geophysics,2004,11(5/6):561-566.

［13］Hu W,Si B. Multiple wavelet coherence for untangling scale-specific and localized multivariate relationships in geosciences[J]. Hydrology and earth system sciences,2016,20(8):3183-3191.

［14］Wang B. The vertical structure and development of the ENSO anomaly mode during 1979—1989[J]. Journal of the atmospheric sciences,1992,49(8):698-712.

［15］马柱国,符淙斌,周天军,等.黄河流域气候与水文变化的现状及思考[J].中国科学院院刊,2020,35(1):52-60.

［16］李夫星,陈东,汤秋鸿.黄河流域水文气象要素变化及与东亚夏季风的关系[J].水科学进展,2015,26(4):481-490.

［17］丁一汇,司东,柳艳菊,等.论东亚夏季风的特征、驱动力与年代际变化[J].大气科学,2018,42(3):533-558.

［18］黄建平,张国龙,于海鹏,等.黄河流域近40年气候变化的时空特征[J].水利学报,2020,51(9):1048-1058.

［19］Iqbal M,Wen J,Wang X,et al. Assessment of air temperature trends in the source region of Yellow River and its sub-basins,China[J]. Asia-Pacific journal of atmospheric sciences,2018,54:111-123.

［20］Wallace J. North Atlantic oscillatiodannular mode:two paradigms—one phenomenon[J]. Quarterly journal of the Royal Meteorological Society,2000,126:791-805.

［21］Yu N,Liu H,Chen G,et al. Analysis of relationships between ENSO events and atmospheric angular momentum variations [J]. Earth and space science, 2021, 8 (12):e2021EA002030.

[22] Wang H, Yang Z, Saito Y, et al. Interannual and seasonal variation of the Huanghe (Yellow River) water discharge over the past 50 years: connections to impacts from ENSO events and dams[J]. Global and planetary change, 2006, 50(3-4):212- 225.

[23] He S, Gao Y, Li F, et al. Impact of Arctic Oscillation on the East Asian climate: a re- view[J]. Earth science reviews, 2017, 164:48-62.

[24] Ma N, Zhang Y. Increasing Tibetan Plateau terrestrial evapotranspiration primarily driven by precipitation[J]. Agricultural and forest meteorology, 2022, 317:108887.

[25] Li Z, Li X, Zhou S, et al. A comprehensive review on coupled processes and mechanisms of soil-vegetation-hydrology, and recent research advances[J]. Science China earth sci- ences, 2022, 65(11):2083-2114.

[26] Su L, Miao C, Duan Q, et al. Multiple-wavelet coherence of world's large rivers with meteorological factors and ocean signals[J]. Journal of geophysical research: atmos- pheres, 2019, 124(9):4932-4954.

[27] Power S, Delage F, Chung C, et al. Robust twenty-first-century projections of El Nino and related precipitation variability[J]. Nature, 2013, 502(7472):541-545.

[28] Zhang R, Min Q, Su J. Impact of El Nino on atmospheric circulations over East Asia and rainfall in China: role of the anomalous western North Pacific anticyclone[J]. Sci- ence China earth sciences, 2017, 60(6):1124-1132.

[29] Xie S, Hu K, Hafner J, et al. Indian ocean capacitor effect on Indo-Western Pacific Cli- mate during the summer following El Nino[J]. Journal of climate, 2009, 22(3):730- 747.

[30] 容新尧, 张人禾, Li Tim. 大西洋海温异常在 ENSO 影响印度-东亚夏季风中的作用 [J]. 科学通报, 2010, 55(14):1397-1408.

[31] Hu K, Xie S, Huang G. Orographically-anchored El Nino effect on summer rainfall in central China[J]. Journal of climate, 2017, 30(24):10037-10045.

[32] Qian Q, Wu R, Jia X. Persistence and nonpersistence of East and Southeast Asian rain- fall anomaly pattern from spring to summer[J]. Journal of geophysical research: at- mospheres, 2020, 125:e2020JD033404.

[33] Chen S, Chen W, Yu B. The influence of boreal spring Arctic Oscillation on the subse- quent winter ENSO in CMIP5 models[J]. Climate dynamics, 2017, 48(9-10):2949- 2965.

[34] Dai A, Qian T, Trenberth K, et al. Changes in continental freshwater discharge from 1948 to 2004[J]. Journal of climate, 2009, 22(10):2773-2792.

[35] Karesdotter E, Destouni G, Ghajarnia N, et al. Distinguishing direct human-driven effects on the global terrestrial water cycle [J]. Earth's future, 2022, 10 (8):e2022EF002848.

[36] Dey P, Mishra A. Separating the impacts of climate change and human activities on streamflow:a review of methodologies and critical assumptions[J]. Journal of hydrology,2017,548:278-290.

[37] Cui J,Piao S,Huntingford C,et al. Vegetation forcing modulates global land monsoon and water resources in a CO_2-enriched climate[J]. Nature communications, 2020, 11:5184.

[38] Singh J,Cook B, Marvel K, et al. Anthropogenic aerosols delay the emergence of GHGs-forced wetting of South Asian rainy seasons under a fossil-fuel intensive pathway [J]. Geophysical research letters,2023,50(18):e2023GL103949.

4

海岸线演变与
驱动机制

　　黄河自 1855 年在兰考铜瓦厢决口夺大清河改由山东入渤海以来,除 1938—1947 年因战争因素在花园口人工扒口夺淮入海外,其余的 150 多年黄河均在山东入海。因黄土高原水土流失严重,使得黄河每年均挟带巨量泥沙淤积于河道和河口地区,致使黄河尾闾河道泥沙淤积、河床变高、排洪不畅。同时由于凌汛冰塞壅水或人为原因,黄河尾闾河道频繁在三角洲区域内决口、分汊、改道,使得黄河三角洲剧烈演变,海岸线变化复杂。本研究中的近代黄河三角洲,是以东营市垦利区宁海为轴点,北起套尔河口,南至支脉沟口的扇形堆积体,主要由 8 个主叶瓣组成,面积约为 5 400 km²,是中国最新的冲积平原[1]。

　　黄河三角洲是由黄河填海造陆而形成,是典型的河控三角洲,行河流路快速向海淤进,不行河流路在波流耦合作用下则呈现蚀退状态,海岸线在陆海相互作用下呈现出空间异质性。本章将利用多源遥感资料、实测资料对黄河三角洲近 50 年来海岸线的演变及其驱动因素进行分析。

4.1　数据来源、处理及研究方法

　　黄河三角洲岸线岸滩历史及现状信息遥感提取,需要收集历史海岸线、遥感影像数据,岸滩地形数据,潮位数据,地面控制点数据及三角洲的水文、气象历史数据,具体数据收集如表 4-1 所示。

表 4-1　黄河三角洲岸线岸滩动态变化研究数据收集表

监测内容	数据收集内容
岸线岸滩遥感监测	多源、多时相卫星遥感数据
	岸滩断面地形数据

续表

监测内容	数据收集内容
岸线岸滩遥感监测	FES2014 潮汐模型的应用与验证
	地面控制点数据（GCP）
	利津站水文、气象数据
遥感解译结果与验证	人工岸线精确控制点数据
	平均高潮痕迹线点位数据
历史岸线岸滩数据	1855 年、1937 年、1954 年、1964 年高潮线

4.1.1　数据收集

依据对不同时间尺度三角洲岸线岸滩动态遥感检测的需求，本章收集遥感包括多时相高分辨率光学影像：1976—2020 年陆地卫星 Landsat 系列（https：//earthexplorer. usgs. gov/）及 2015—2020 年 Sentinel-2（哨兵 2 号）卫星系列（https：//scihub. copernicus. eu/dhus/♯/home），局部年份补充收集 MODIS 中低分辨率影像（https：//ladsweb. modaps. eosdis. nasa. gov/search/），影像经处理后用于黄河三角洲历史海岸线的遥感监测及海岸线的演变分析。

收集潮位数据用于确定遥感解译的瞬时水边线高程值，推算三角洲潮位特征线，潮位控制点的平均高潮位、平均低潮位。岸滩断面地形资料主要用于计算控制断面的平均坡度，主要用于验证多时相遥感水边线反推坡顶段岸滩坡度的可信度。

4.1.2　研究方法

本研究结合黄河三角洲潮汐水动力和地形地质特征，基于 Landsat 系列、Sentinel-2 系列遥感影像资料，经过影像几何精校正、辐射定标和大气校正后，采用改进的归一化插值水体指数 MNDWI 对水体信息进行增强，然后基于 Otsu 算法，阈值 T 将水体指数图像划分为水体类和非水体类，最佳阈值的确定由公式（4-2）～式（4-5）确定，水陆分离后利用 Canny 边缘检测算子提取水陆边界并最终得到矢量水边线[2]。

$$MNDWI = \frac{R_g - R_{mir}}{R_g + R_{mir}} \tag{4-1}$$

式中：R_g、R_{mir} 分别代表影像中的绿波段、红外波段反射率。

$$\sigma^2 = P_L(M_L - M)^2 + P_w(M_w - M)^2 \tag{4-2}$$

$$P_L + P_w = 1 \tag{4-3}$$

$$M = P_L M_L + P_w M_w \tag{4-4}$$

$$T = \arg\max_{A \leqslant T \leqslant B} \left[P_L \times (M_L - M)^2 + P_w \times (M_w - M)^2 \right] \tag{4-5}$$

式中：σ 为水体和非水体的类间方差；P_L 和 P_w 分别表示任意像素属于非水体和水体的概率；M_L 和 M_w 分别为非水体和水体灰度值的平均值；M 为 MNDWI 图像灰度值的平均值。

潮位校正[3]是指将遥感应用得到的瞬时水边线推算得到平均高潮线(图 4-1)，即由公式 4-6 计算 L_{high}。通过计算某一区域内相邻时刻影像过境时刻的潮位差与瞬时水边线的距离，得到潮间带坡度，并将岸滩断面地形数据用于相互补充计算控制断面的平均坡度；控制点计算时刻的潮位数据由公式(4-7)计算确定，平均大潮高潮位的潮位高度是通过查询潮汐表来获取的。

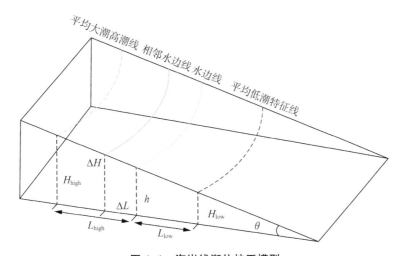

图 4-1 海岸线潮位校正模型

$$L_{high} = \frac{H_{high} - h}{\Delta H} \times \Delta L \tag{4-6}$$

$$h = H_{high} - \frac{H_{high}}{2} \times \left[1 - \cos\left(\frac{t}{\Delta t / \Delta T} \times 180° \right) \right] \tag{4-7}$$

式中：L_{high} 为平均高潮位与瞬时水边线的潮位校正距离；H_{high} 为平均大潮的潮

位高度；ΔH 和 ΔL 为相邻两幅卫星影像拍摄时刻的潮位高度差和水平距离差；Δt 为高潮时至影像获取的时间间隔；ΔT 为当日涨潮或落潮历时。

利用实测岸线资料及遥感推算的多时相岸线数据，开展不同时空尺度下的海岸线变迁分析，研究黄河三角洲的岸线长度变化、分形维数变化和类型转化特征，计算海岸线的冲淤变化及岸滩面积变化分析，并在此基础上分析岸线变化原因，总结海岸线的变化规律。

研究岸线的分形维数特征主要是来探究海岸线的复杂度、曲折度等信息，是探索海岸线变迁的重要组成部分[4]。本研究采用网格法计算海岸线的分形维数，将不同长度的正方形依次覆盖在海岸线上，并统计每一组的网格数和网格边长。由于网格边长 r 不同，覆盖整个海岸线上的网格数 $N(r)$ 亦不相同，分形理论模型如下：

$$\ln N(r) = D\ln r + \ln C \tag{4-8}$$

式中：C 为待定系数；D 为需计算的分形维数；r 为网格边长；$N(r)$ 为网格数。

端点变化率 EPR 是不同时期海岸线移动距离与不同时期年数差的比值[5]，能够准确体现出海岸线在各个时期的净变迁速率，如果数值为正，表明岸线向海推进，潮滩淤长；反之，表明岸线向陆退缩，潮滩冲刷。

$$EPR_{i,j} = \frac{d_{i,j} - d_{i,0}}{T_j - T_0} \tag{4-9}$$

式中：$d_{i,j}$ 表示 i 断面上任意 j 时刻海岸线与基线的距离；$d_{i,0}$ 表示最早一期岸线与基线的距离；T_j 和 T_0 分别表示 j 时刻和最早一期岸线的获取时间（年）。

4.2 黄河三角洲发育历程

4.2.1 黄河入海流路变迁

（1）流路变迁

1855 年 6 月，黄河在河南兰考县铜瓦厢一带决口，洪水改道北流夺大清河经河南、山东等地，最后在东营注入渤海，山东尾闾河段的演变可分为新中国成立前自由迁徙阶段及新中国成立后人工干预阶段。黄河改道初期，由于严重缺乏堤防，黄河山东河段大水漫滩，泥沙基本淤积于两岸大平原上，尾闾河道任意变迁，河口阔深从而基本保持稳定。随着泥沙大量淤积，河口快速向海延伸，下游河床升高,河道输沙和流路向海扩散泥沙能力持续降低,河口进入淤积、延伸、出汊、改道的发展过程。在 1855—1938 年,黄河三角洲大的改道共有 7 次,各行河流路最长行河年限为 19 年,最短为 3 年,受制于当时的政治、经济等条件限制,黄河三角洲地区未得到有效治理及开发。

新中国成立之后,随着黄河口地区经济建设的快速发展,黄河口治理问题日益得到重视,下游大规模开展堤防工程建设,主要可分为两个阶段:从新中国成立至 20 世纪 60 年代,河口主要解决麻湾到王庄窄河段的凌汛威胁;1953 年后河道改道则是兼顾行河安全及保障石油开发的人工改道。1953 年后黄河尾闾段改道 3 次,分别是神仙沟流路、刁口河流路及清水沟流路,具体流路变迁如表4-2 所示。

表 4-2　1855 年以来黄河尾闾变迁(据《黄河入海流路规划报告》;赵连军[6]研究)

序号	改道时间	改道地点	入海位置	流路历时	行水历时	改道说明
1	1855 年 7 月	铜瓦厢	肖神庙牡蛎嘴	33 年 9 月	19 年	伏汛决口
2	1889 年 4 月	韩家垣	毛丝坨	8 年 2 月	6 年	凌汛决口
3	1897 年 6 月	岭子庄	丝网口	7 年 1 月	5.5 年	伏汛决口
4	1904 年 7 月	盐窝	老鸹嘴	22 年	17.5 年	伏汛决口
5	1926 年 7 月	八里庄	刁口	3 年 2 月	3 年	伏汛决口
6	1929 年 9 月	纪家庄	南旺河、宋春荣沟、青坨子	5 年	3.5 年	人为决口
7	1934 年 9 月	李家垛子	甜水沟、老神仙沟、宋春荣沟	18 年 10 月	9 年	决口改道
8	1953 年 7 月	小口子	神仙沟	10 年 6 月	10.5 年	人工裁弯并汊
9	1964 年 1 月	罗家屋子	刁口河	12 年 4 月	12.5 年	凌汛人工破堤
10	1976 年 5 月	西河口	清水沟	20 年	20 年	人工截流改道
11	1996 年 5 月	清 8 汊河	清 8 汊河	—	—	人工改道

(2)叶瓣演变

每次行河流路改道都在行河入海口留下一巨大叶瓣,其演变过程与流路演变一本同源,黄河三角洲岸线便成了由太平镇、车子沟、刁口河、神仙沟、清水沟、宋荣春沟、甜水沟等连接而成的曲折岸线,如图 4-2 所示。

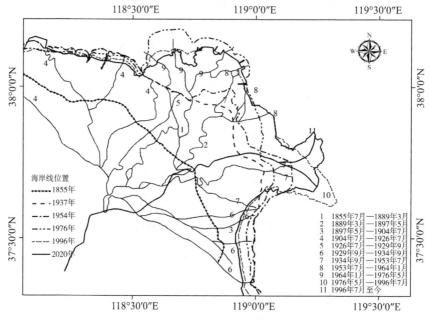

图4-2 近代黄河三角洲的流路演变[7]

4.2.2 黄河三角洲海岸线变化分析

（1）1855—1937年海岸变化

基于图4-2可以发现，1855—1937年间，黄河三角洲海岸线整体快速向海淤进，各方向淤积速率大致相同，因为在该段行河期间内，黄河尾闾河道自然演变，自然决口、改道。由图4-3(a)可知，在1855—1937年行河期间，海岸整体向海淤积2 204.76 km²，年最大淤积距离710.18 m，年均淤积面积26.56 km²/a。

（2）1937—1954年海岸变化

在此行河期间，因战争因素在花园口扒口，在1938年5月—1947年3月黄河夺淮入海，致使山东河竭9年，同时由于三股河道并行入海，故而淤进速率较低，仅在三角洲东北方向行河口门岸段向海淤进较快。而在三角洲北部和南部岸线基本保持稳定，甚至存在缓慢蚀退的岸段。由图4-3(b)可知，在1937—1954年行河期间，海岸整体向海淤积333.19 km²，年最大淤积距离312.3 m，年均淤积面积18.51 km²/a。

（3）1954—1976年海岸变化

在1954—1976年行河期间，黄河入海流路先后改道神仙沟和刁口河流路，原来东南方向的宋春荣沟及甜水沟流路废弃,失去泥沙补给后南部岸线大面积呈现出蚀退状态。东北方向的刁口河和神仙沟附近岸段快速向海淤进,年最大平均淤积距离为 1 146 m/a,而三角洲北部挑河以西岸线及三角洲南部广利河附近岸段整体保持平衡状态,具体如图 4-3(c)所示。整体来看,在此段行河期间,三角洲岸线仍整体向海淤积,共计淤积 1 061.08 km²,年均淤积面积为 46.13 km²/a,但刁口河流路时期造陆速率较神仙沟流路时期更快,是其河口淤积速度的 1.5 倍左右。

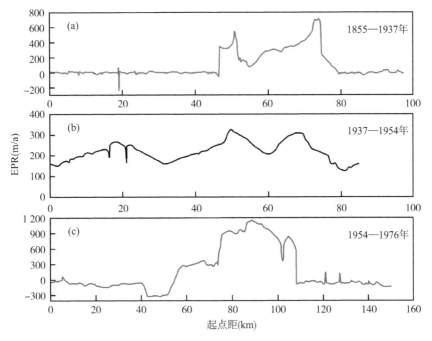

图 4-3 黄河三角洲海岸线 EPR

(4) 1976 年后岸线演变

1976—1981 年间,黄河三角洲海岸线 31.48% 为前进岸线,向海淤积,平均前进速率为 136.13 m/a,最大向海淤进速率的区域在编号 826 断面,淤进速率为 317.51 m/a,此断面附近海岸线扩张剧烈,属于入海口段中部;48.78% 的海岸线属于后退岸线,向陆后退,平均后退速率为 83.25 m/a,向陆后退速率的最大值出现在编号 984 断面,后退速率为 174.02 m/a,此断面附近海岸线后退剧烈,属于入海口段南部;19.74% 的海岸线属于平衡岸线,变化幅度不大。

1981—1986 年间,海岸线 16.02% 为前进岸线,平均淤进速率为 271.6 m/a,最大淤进速率为 584.94 m/a,出现在编号 920 断面,地处入海口段东南方向;

34.56%的海岸线属于后退岸线,平均后退速率为 55.08 m/a,最大后退速率出现在编号 287 断面,为 217.73 m/a,属于刁口段中部;49.42%的海岸线属于平衡岸线。相较于上一阶段,稳定岸线明显增多,平均前进速率有所增加,平均后退速率有所减小。

1986—1991 年间,40.65%的海岸线属于前进岸线,平均淤进速率为 85.75 m/a,最大淤进速率为 619.98 m/a,出现在编号 953 断面,属于入海口段东南方向沙嘴的位置;后退岸线占 23.81%,平均后退速率为 54.36 m/a,后退速率的最大值出现在编号 311 断面,为 130.86 m/a,属于刁口段东北方向;35.54%的海岸线属于平衡岸线。此阶段稳定岸线数量减小,前进岸线数量增加。

1991—1996 年间,3.31%的海岸线属于前进岸线,平均淤进速率为 350.26 m/a,最大淤进速率为 620.73 m/a,出现在编号 989 断面,同样属于入海口段东南方向沙嘴的位置;59.97%的海岸线属于后退岸线,平均后退速率为 58.28 m/a,后退速率的最大值出现在编号 326 断面,为 202.46 m/a,属于刁口段东北方向;36.72%的海岸线属于平衡岸线。此阶段相较于上一阶段稳定岸线数量基本不变,受入海水沙通量减少影响,前进岸线数量减少,后退岸线数量超过半数。

1996—2001 年间,9.64%的海岸线为前进岸线,平均淤进速率为 120.01 m/a,最大淤进速率为 295.76 m/a,出现在编号 791 断面,地处入海口段东北方向;3.37%的海岸线属于后退岸线,平均后退速率为 201.86 m/a,最大后退速率为 665.65 m/a,出现在编号 990 断面,属于入海口段东南方向;86.99%的海岸线为平衡岸线。此阶段绝大部分岸线没有明显淤积侵蚀,淤进和蚀退速率的最大值均出现在入海口段,主要表现为东南方向沙嘴的迅速蚀退和东北方向沙嘴的淤积。

2001—2006 年间,20.09%的海岸线为前进岸线,平均淤进速率为 56.8 m/a,淤进速率的最大值出现在编号 801 断面,为 169.12 m/a,属于入海口段东北沙嘴位置;9.97%的海岸线属于后退岸线,平均后退速率为 46.06 m/a,最大后退速率为 71.35 m/a,出现在编号 981 断面,属于入海口段南部;69.94%的海岸线为平衡岸线。此阶段淤进和蚀退的最值有所减小,依旧出现在入海口段,东南方向沙嘴继续蚀退,东北方向沙嘴继续淤进,相较于上一阶段稳定岸线数量有所减少。

2006—2011 年间,8.61%的海岸线为前进岸线,平均淤进速率为 187.2 m/a,最大淤进速率出现在编号 768 断面,为 429.1 m/a,属于入海口段北部;6.76%的海岸线属于后退岸线,平均后退速率为 53 m/a,最大后退速率为 160.73 m/a,出现在编号 977 断面,属于入海口段东南方向;84.63%的海岸线为平衡岸线。

2011—2016 年间，8.49％的海岸线属于前进岸线，平均淤进速率为 84.06 m/a，最大淤进速率为 401.59 m/a，出现在编号 753 断面，属于入海口段北部；42.45％的海岸线属于后退岸线，平均后退速率为 66.82 m/a，最大后退速率为 423.7 m/a，出现在编号 981 断面，属于入海口段东南方向；49.06％的海岸线为平衡岸线。相较于上一阶段，后退岸线的数量明显增多，主要原因是莱州湾岸段由淤进状态转为蚀退状态。

2016—2020 年间，1.62％的海岸线为前进岸线，平均淤进速率为 45.67 m/a，最大淤进速率为 67.26 m/a，出现在编号 572 断面，属于东营港附近岸段；29.85％的海岸线属于后退岸线，平均后退速率为 79.15 m/a，最大后退速率为 510.57 m/a，出现在编号 958 断面，属于入海口段东南部；68.53％的海岸线属于平衡岸线。此阶段黄河泥沙供给减小，因此基本无淤进，稳定岸线数量较上一阶段有所增加。1976—2020 年黄河三角洲海岸线 EPR 变化如图 4-4 所示。

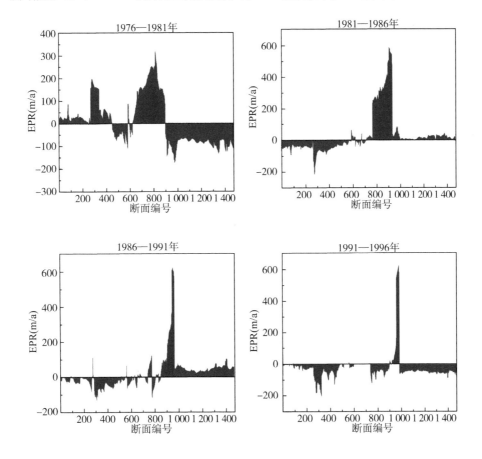

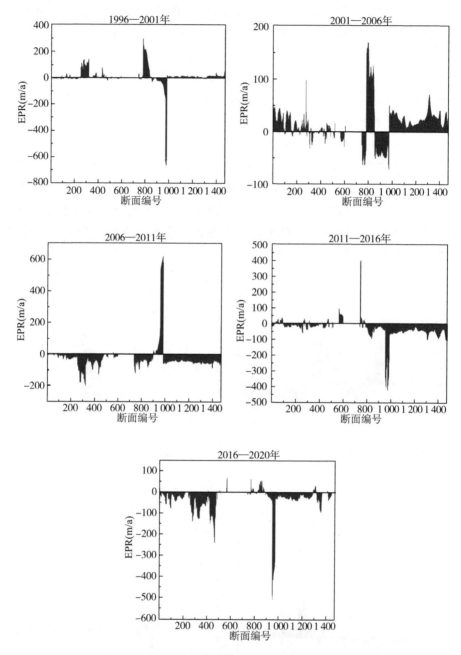

图 4-4 1976—2020 年黄河三角洲海岸线 EPR 变化

基于上述分析可知,黄河三角洲海岸演变的最大特点是:行河流路岸段因大量来沙快速向海淤进;不行河流路岸段受缺少泥沙补给及海洋动力综合作用下,呈现出最初几年快速蚀退,而后蚀退速率减慢并最终趋于相对稳定;在人工岸段及长时间不行河岸段,海岸保持稳定。

4.3　黄河三角洲海岸演变特点

4.3.1　海岸线长度

海岸线长度的变化受岸线的淤积蚀退、岸线的复杂程度及人类活动等因素影响,由图 4-5 可知,自 1855 年黄河尾闾段改山东入海后,黄河三角洲海岸线的总长度不断增加。

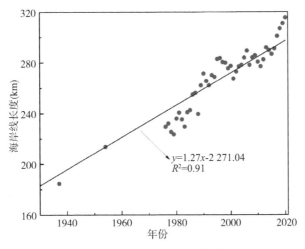

图 4-5　近代黄河三角洲海岸线长度

1855—1976 年,海岸线长度增加 115.96 km,年均增加 0.95 km,长度增幅 102.3%,该时期的岸线是由自然岸线组成,岸线长度的增加是因为河口来沙造陆,岸线快速向海淤进。在 1976—2020 年,海岸线长度增加 86.06 km,年均增加 1.91 km,长度增幅 37.53%,总体来看,人工堤防特别是海岸堤坝、港口建设等工程建设使得海岸线整体增加。海岸线中的自然岸线长度显著减少,人工岸线长度显著增加。1985 年人工岸线长度为 30.51 km,随着海岸堤防的大量修建及东营港的建设,以及湾湾沟口岸段围海养殖的快速发展,到 2020 年人工岸线增加到 131.11 km,增幅达 329.7%,年均增加 2.79 km。由于人工岸线的快速增加,三角洲自然岸线在 1985 年后呈逐渐减少的趋势,主要减少的区域集中在挑河以西,自然岸线转变成养殖海岸线,刁口河流路岸段自然海岸线由于岸滩堤防工程、丁坝的修建转变为防护海岸线,神仙沟流路岸段的海岸线则由于孤东油田开采的需要而修建的堤防工程及东营港的建设转为人工岸段。

4.3.2 曲折度分析

黄河三角洲海岸线的分形维数反映了海岸线的复杂性和不规则程度。由图4-6可知,自1855年以来,随着黄河泥沙输运淤积成陆和人类活动的影响,三角洲的海岸线形态经历了显著变化,分形维数也发生了变化。早期,随着泥沙堆积和三角洲岸线向海扩展,海岸线逐渐变得更加复杂,分形维数增加;自20世纪中期开始,由于入海泥沙通量锐减和海洋动力的侵蚀作用,海岸线变得较为平滑,分形维数有所平缓甚至下降;而在1980年后,受海堤堤防工程、丁坝及东营港修建等人类活动的影响,分形维数呈现上升的趋势;近年来,因人工岸线建设基本结束,清水沟流路岸段自然岸线在陆海两相动力作用下分形维数趋于稳定,反映了海岸线形态的相对平衡。

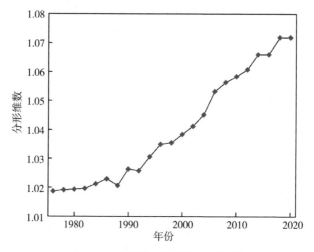

图 4-6 近代黄河三角洲分形维数

4.3.3 岸滩面积变化分析

根据1855—2020年的海岸线位置的变化,海岸线向海推进表示陆地面积增加,蚀退则说明陆地面积减少,图4-7为黄河三角洲因海岸线变化造成的陆地面积变化图。在1855—1976年,由于海岸线快速向海淤进,岸滩陆地面积增大3 184.64 km²,三角洲年均造陆面积达 26 km²/a。在1976—2020年,受到入海泥沙通量锐减、海洋动力增强、海平面上升及人类活动等综合影响,相较1976

年,虽然三角洲海岸线长度增加了不少,但是三角洲陆地面积反而略有减少,黄河三角洲面积变化大致呈"M"形分布。在 1976—1991 年间,三角洲淤积面积大于蚀退面积,面积增加了 245.8 km²,年平均变化速率为 15.36 km²/a;而在 1991—1996 年间,清水沟流路进入流路末期,泥沙扩散效率降低,造陆速率面积下降,三角洲淤进面积小于蚀退面积,在此期间三角洲面积共减少了 139.6 km²,年均蚀退面积为 23.3 km²/a。而在 1996 年河口改道清 8 汊河流路后,虽然清 8 汊河流路快速向海淤进,但受限于河道淤塞,河道输沙能力减弱,利津站泥沙通量仍然处于低水平状态,三角洲面积蚀退速率有所下降。在 2002 年,随着多水库水资源统一调度和调水调沙工程的实施,泥沙供给得到一定程度的恢复,黄河三角洲陆地面积再次缓慢增长。但随着上游水土保持工作取得重大进展及调水调沙的长期运行,泥沙入海通量低至不足 1 t/a,使得黄河三角洲岸滩面积再次下降。相较于 1976 年,2020 年黄河三角洲岸线面积仅增加 82 km²,年淤进速率为 1.8 km²/a。

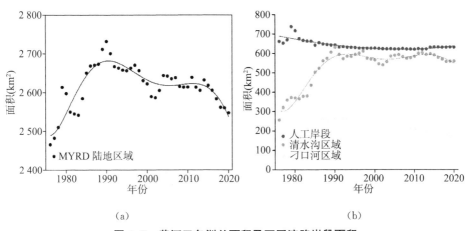

（a）　　　　　　　　　　　　　（b）

图 4-7　黄河三角洲总面积及不同流路岸段面积

4.4　黄河三角洲邻域滨海区演变分析

4.4.1　刁口河流路滨海区 CS1～CS8 断面变化情况

CS1 地形断面位于湾湾沟河西岸,该岸段是黄河尾闾河道在 1904—1925 年(车子沟、套尔河)冲积而成,河竭成为潮汐汊道,1925 年流路改道经历长时间冲刷后,地形剖面形态保持相对稳定。而在 1964 年改道刁口河流路后,由图 4-8 可知,1971—1976 年地形剖面整体微淤,单宽淤积量 2.3×10⁴m³;1976 年后,浅水区(<6 m)岸滩受侵蚀影响,6～15 m 水深剖面形态冲淤交替变化,水深大于 15 m 的深水区为淤积区。而 1990 年后可发现多年地形剖面形态保持相对稳定,地形平均坡度为 0.55‰(2～10 m 水深范围)。

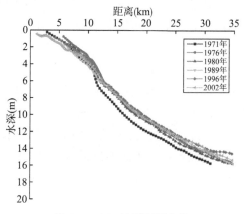

图 4-8　CS1 地形断面变化

CS2 地形断面(图 4-9)变化规律与 CS1 地形断面变化相似,年际间地形断面没有剧烈的变化。1971—1976 年地形剖面单宽淤积量为 $2.2 \times 10^4 \mathrm{m}^3$,以 2～12 m 水深淤积最甚。断面岸滩坡度(2～15 m 水深)由 1971 年的 0.42‰缓慢转变为 0.58‰。

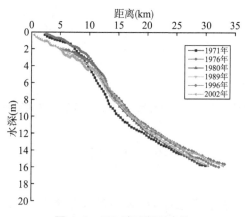

图 4-9　CS2 地形断面变化

CS3 地形剖面是现代黄河三角洲北部的起点岸段,位于挑河尾闾段左侧,因刁口河主流路及东汉河道的入海泥沙对浅水区岸滩凹湾处影响较小,而对 2 m 以上滨海区影响较大,在 1976 年黄河改道清水沟后河竭成潮汐汉道。

CS3 地形断面 2 m 水深内浅滩位置在刁口河三股河道并行入海时期向海淤进，1966 年 10 月西股河道断流后 2 m 水深内浅水潮滩崩坍，浅水区域不断冲刷、蚀退，1980 年后地形剖面转成相对稳定状态（图 4-10）。1976 年改道清水沟流路后，刁口河 2～6 m 水深蚀退较为明显，而 6～12 m 滨海区则冲淤交替变化，12 m 以上深水区年度变化轻微缓慢，呈现先侵后淤的特点。

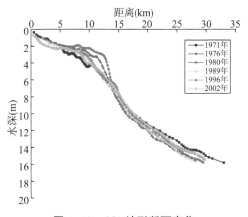

图 4-10　CS3 地形断面变化

　　CS4 地形断面位于挑河右岸，刁口河主河道左侧，该剖面地形反映了1964 年、1976 年河道改道后的快速向海淤积、改道快速蚀退到缓慢蚀退的特征，其与 CS3 剖面地形规律完全不同。1976 年前潮滩位置快速向海淤积，2 m 水深向岸移动距离达 6.75 km，泥沙淤涨厚度向海逐渐降低（图 4-11）；1976 年改道后刁口河流路失去直接泥沙补给后，0～12 m 水深范围内的潮滩快速蚀退转为缓慢蚀退，1976—1990 年的年均蚀退 200～600 m 转变为 1990—2020 年年均蚀

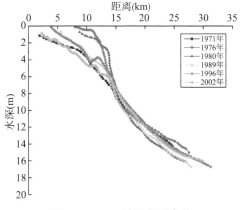

图 4-11　CS4 地形断面变化

退小于 100 m 的轻侵蚀,而在大于 12 m 的深水区蚀退程度小于浅水区,该地形剖面在 1990 年左右剖面形态趋于稳定。

CS5、CS6 断面地形(图 4-12)分别位于刁口河主河道左右两侧,剖面形态变化相似,其形态变化直接受黄河来水来沙影响。在 1964—1976 年刁口河流路行河期间 CS5、CS6 剖面 12 m 水深内岸滩持续向海淤积,而 1976 年改道清水沟后 CS5、CS6 剖面 8 m 水深内浅滩呈现蚀退状态,8~14 m 滨海区剖面地形呈现冲淤交替的变化特征,而大于 14 m 的深水区累计冲淤变化幅度不超过 1 km。

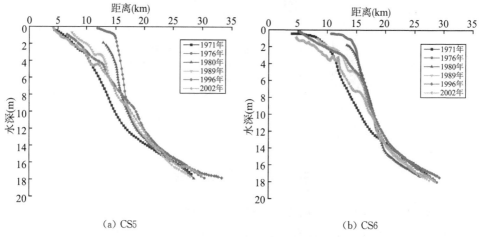

图 4-12 CS5、CS6 地形断面变化

CS7、CS8 地形断面(图 4-13)位于刁口河东股河道东侧,黄河三角洲东北部,在 1964—1976 年际间刁口河亚三角洲建设时期,CS7、CS8 地形剖面形态变化

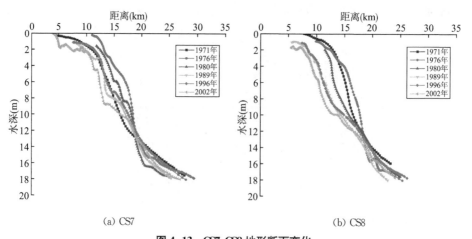

图 4-13 CS7、CS8 地形断面变化

与 CS3~CS6 相比,泥沙淤积量相对较少,淤涨距离长为 2~3 km,且一般发生在 2~10 m 水深滨海区,向两侧浅水区和深水区泥沙淤积量减少,且当水深大于 13 m 左右时,转为侵蚀。在 1976 年改道后,CS7、CS8 地形剖面蚀退形态变化与淤积曲线相反,在 2~10 m 水深区形成一个高蚀退量区,浅水区缓慢蚀退,而水深大于 10 m 后蚀退速率减慢,当水深大于 13 m 左右时,深水区地形断面转为淤积状态。

4.4.2 神仙沟流路滨海区 CS15~CS20 断面变化情况

神仙沟岸段是 1953—1964 年行河流路形成的亚三角洲,共行河 12 年,1964 年断流改道刁口河后,该流路岸段处于蚀退状态,随着 20 世纪 80 年代后期海堤、海港及护岸工程等人工海岸工程的建设,该海域呈现出与其他海域不同的变化特点,主要表现为浅水滨海区侵蚀,大于 12 m 水深的深水区呈淤积状态。

CS15、CS16 位于神仙沟流路主河道的左侧,位于东营港的北部,在 1953—1964 年际间清水沟流路行河期间无水深实测资料。但从岸线演变规律分析可以发现,1953—1964 年神仙沟流路行河期间,CS15、CS16 断面浅水潮滩快速向海淤积,在河流断流后转为快速蚀退状态,然后转变为缓慢蚀退状态。由图 4.14 可知,1976—1996 年间,在 12 m 水深内,CS15、CS16 剖面仍处于缓慢蚀退状态,但蚀退速率明显降低,而在大于 12 m 水深的深水区,岸段剖面处于淤积状态,且淤积厚度向深海区逐渐增大(图 4-14)。

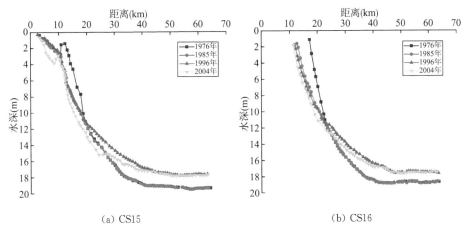

(a) CS15　　　　　　　　　　　　　(b) CS16

图 4-14　CS15、CS16 地形断面变化

CS17、CS18 位于神仙沟流路主河道的右侧,位于东营港的南部,基于岸线演变规律可以发现,在 1953—1964 年神仙沟流路行河期间,CS17、CS18 断面浅水潮滩快速向海淤积,在河流断流后转为蚀退状态。由图 4-15 分析发现,

CS17、CS18 断面在 13 m 水深内,剖面形态变化处于稳定蚀退状态,当水深大于 13 m 时,年际间剖面变化处于淤积状态,而年际内当离岸距离大于 30 km 时,水深不再产生剧烈变化。

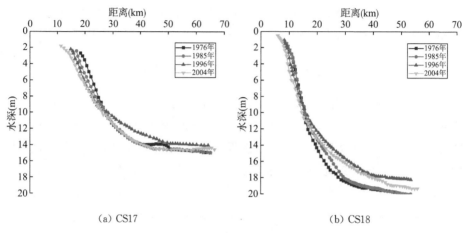

(a) CS17 （b) CS18

图 4-15 CS17、CS18 地形断面变化

CS19、CS20 位于孤东海堤,位于现行清水沟流路北侧,CS19 剖面形态变化同 CS15～CS18 相似,呈断面浅水区冲刷状态,而 10 m 以上深水区处于淤积状态,但淤积厚度较 CS15～CS18 减少,但 1996—2004 年际间,CS19 深水区剖面转为侵蚀状态[图 4-16(a)]。CS20 断面在 1976—1996 年际间浅水区潮滩冲淤变化与 CS15～CS19 相似,而 18 m 以上深水区处于动态平衡状态。而在 1996 年清水沟改道北汊后,CS20 断面因距离北汊近,受泥沙淤积扩散的影响,CS20 剖面则转为淤积状态[图 4-16(b)]。

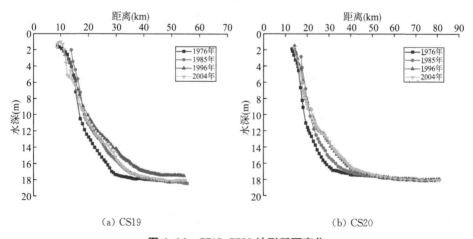

(a) CS19 （b) CS20

图 4-16 CS19、CS20 地形断面变化

4.4.3 清水沟流路新老河口滨海区 CS21～CS27 断面变化情况

清水沟流路岸段是 1976 年至今行河流路形成的第三级三角洲,已行河 48 年,预计继续行河至少 30 年。清水沟流路又分老河口及现行河口,CS21～CS27 剖面形态变化见图 4-17～图 4-19。总体来看,该岸段剖面均处于均衡淤积状态,其中 1996—2004 年际间剖面形态呈现蚀退状态,北汊主要是由于改道初期泥沙淤积在河口处,向外海输送效率显著降低,而老河口剖面 CS26～CS27 则是由于改道失去直接泥沙补给后岸滩剖面呈现蚀退特征。

CS21、CS22 剖面位于清水沟现行流路北侧及主河道口,主要受 1996 年清 8 汊河改道新河口的影响。CS21 剖面位于现行流路北侧,其整体也保持向海淤进的形态特征,但主要淤积区域集中在 5～15 m 水深处,淤积厚度由中间向浅水、深水区递减;CS22 剖面在 1976 年始终保持整体向海淤积,其中 1976—1996 年际间淤积速率呈降低趋势,而在 1996 年后快速淤积,岸滩坡度也从 1976 年的 1.4‰变成 1.1‰(10 m 水深内)。

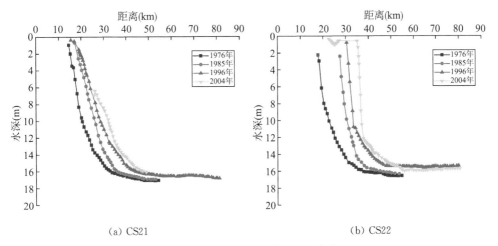

(a) CS21   (b) CS22

图 4-17 CS21、CS22 地形断面变化

CS23、CS24 断面位于清水沟新老河口主河道的凹湾处,受清水沟新老河口向海延伸的共同影响。在 1976—1985 年际间,CS23、CS24 剖面整体快速向海淤积,岸滩坡度由 1.38‰变成 3.05‰(10 m 水深内);而在 1985—1996 年际间断面形态特征发生变化,其中 CS23 剖面 5 m 水深内剖面呈现蚀退特征,5～15 m 水深以上岸段剖面仍向海淤进,而 CS24 断面则仍是整体向海淤积,但淤积厚度由浅水区潮滩向深海区增大;在 1996—2017 年际间,CS23、CS24 断面受北汊河道泥沙扩散影响,整体向海淤积,尤其是浅水区潮滩。

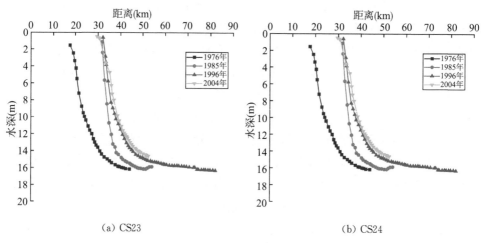

(a) CS23   (b) CS24

图 4-18　CS23、CS24 地形断面变化

　　CS25、CS26、CS27 剖面位于清水沟老河口岸段,该岸段是 1976—1996 年行河流路期间造陆形成的亚三角洲,受黄河来水来沙的直接影响。在 1976—1996 年清水沟老河口行河期间,13 m 水深内 CS25、CS26、CS27 三断面剖面形态均呈快速淤积状态,坡段显著变陡,在 15 m 水深左右平缓。而在 1996 年河道改道后,失去直接水沙补给后,且 CS25 断面北侧由于堤坝工程的修建阻挡了北汊河道部分泥沙向南的输运,使得 10 m 内的浅水区潮滩在 1996—2004 年际间呈现蚀退状态,在大于 10 m 水深处的深水区剖面形态处于动态状态(图 4-19)。

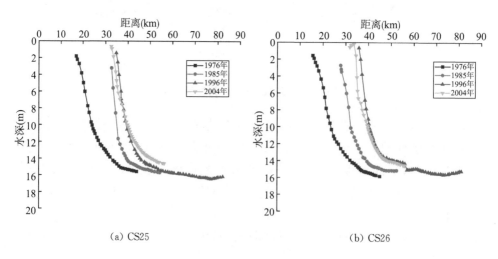

(a) CS25   (b) CS26

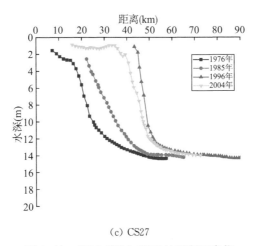

（c）CS27

图 4-19　CS25、CS26、CS27 地形断面变化

实测获取黄河三角洲滨海区断面水深数据，断面位置如图 4.20 所示[7]。

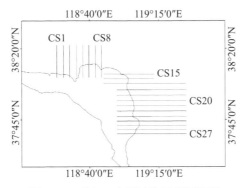

图 4-20　黄河三角洲滨海区断面位置

4.5　海岸线演变驱动因素分析

4.5.1　河流水沙因素

　　河流直接来沙及海洋动力泥沙侵蚀共同导致的泥沙输运是三角洲发育及演变的物质基础，而黄河三角洲为河控型三角洲，河流来沙量是影响岸线、岸滩演变的最根本因素[8]。许多学者依据来沙量和三角洲淤进速率建立相关关系，得到黄河三角洲整体冲淤平衡的黄河来沙量临界值。唐国中等[9]利用遥感解译数据和利津站水沙资料,分析得到黄河三角洲冲淤平衡的临界年径流量为 105.14 亿 m^3/a、临界年输沙量为 1.76 t/a,临界水沙条件关系式为 $0.027Q+4.699Q_s=8.261$;蒋超[10]基于利津站水沙资料及三角洲滨海区冲淤体积的线性关系,分析出当利津站入海输水量达到 102.9 亿 m^3/a 时和入海输沙量达到 1.98 亿 t/a 时,此时三角洲地形处于冲淤平衡状态。随着岸滩堤防工程的建设,北部岸段、孤东岸段及莱州湾西部岸段均已基本转变成人工岸段,仅有清水沟流路岸段岸线仍为自然岸线,在 1996 年清 8 汊河人工改道后,如今的三角洲已经形成了以清 8 汊河为顶点的第三级三角洲。基于此,Fan 等[11]分析清水沟流路岸段三角洲冲淤平衡与利津站来水来沙间的相关关系,当利津站来沙量约为 $0.48×10^8$ t/a 和直接来水量约为 $144.37×10^8$ m^3/a 时,黄河口岸段岸线处于动态平衡状态。尽管基于不同角度不同学者分析三角洲冲淤平衡与利津站来水来沙量的临界值差异较大,但可以确认的是近年来黄河流域来水来沙,尤其是来沙量呈锐减趋势。由图 4-21 可知,1950—1975 年利津站年均来沙量约为 11.36 亿 t/a,而在 1976—2020 年年均来沙量仅约为 3.7 亿 t/a。入海水沙通量的锐减,必然使得三角洲整体由淤进向冲刷转变为蚀退。由图 4-21 可知,2020 年的三角洲整体面积仅比 1976 年的面积增加了 82 km^2。从三角洲整体发育历史来看,黄河来水来沙的影响范围仅为行河流路岸段及附近的有限水域,岸线演变和陆地面积受到多元化因素的影响,如海洋动力、气候变化和人类活动影响等[12]。

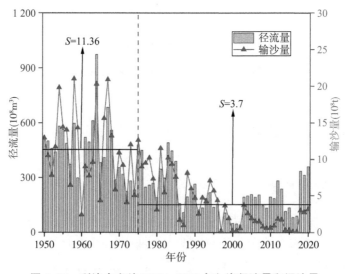

图 4-21 利津水文站 1950—2020 年入海径流量和泥沙量

4.5.2　海洋动力因素

（1）波浪作用

波浪对沉积物的扰动主要发生在破波带以内，主要通过波浪破碎、波浪扰动两种形式及波流联合输沙。黄河三角洲滨海区，波高1.5 m以上的波浪对10 m以内海底泥沙产生推移作用。在破波带内，海底泥沙被波浪掀起再悬浮，细颗粒泥沙在潮流的作用下向外扩散，粗颗粒泥沙则在波浪动力减弱后在原地沉积下来。刁口河改道后，失去直接泥沙补给来源，而沿岸输沙量不足以补充被波浪掀起并带走的泥沙，则波浪会继续从浅水区潮滩掀起泥沙以达到新的平衡，故此刁口河海岸呈现侵蚀、蚀退的状态。神仙沟流路岸段，由于孤东海堤的修建使波浪衰减的渐变过程受阻，波浪对海堤进行强烈冲击并形成了反射波，在堤前海域对海底泥沙产生剧烈扰动，掀起大量泥沙，使近堤海域泥沙向外扩散加剧。

（2）潮流作用

潮流是孤东新滩近岸海域泥沙输移的主要动力，涨落潮不对称是河口滨海区流场的重要特征，是河口泥沙输运的重要动力。黄河口滨海区涨落潮流速同样具有不对称性，孤东海域西北向落潮流速大，且落潮流矢量线明显多于涨潮流，落潮流占优势，孤东近堤海底泥沙被波浪掀起后，随落潮流向西北方向搬运，使近堤泥沙亏损，造成海岸侵蚀，堤前水深增加。而清水沟老河口门南部，潮流趋向于往复流。但岸段潮流流速比较大，潮流搬运泥沙的能力也较强，再加上河口沙嘴地形效应使得其侵蚀相当强烈，但随着沙嘴的进一步向后蚀退，水下岸坡变缓，沙嘴前方流线将变得稀疏，这里不再是高流速中心，流速逐渐减小，蚀退程度会有所降低[13]。

4.5.3　河口改道因素

河流改道直接影响了某一区域内岸滩的陆相、海相动力的相互作用，改道后岸滩、潮滩的演变直接由河流主导转为海洋动力主导，此外河道改道后直接改变了岸滩的边界条件[14]。如1996年黄河尾闾河段人工改道清8汊河断面入海，河流入海方向由东南方向转为东北方向，同时两沙嘴之间形成一凹海湾，这些边界条件的改变进而使得海洋动力发生改变，沿岸潮流受到河口沙嘴、径流顶托等作用，潮流流速、流向都发生了很大变化，由于地形效应，向海凸出的沙嘴受到海洋动力的作用迅速后退，海岸由强烈堆积状态转变为强烈侵蚀状态。河流改道影响下的三角洲演变示意图如图4-22所示。

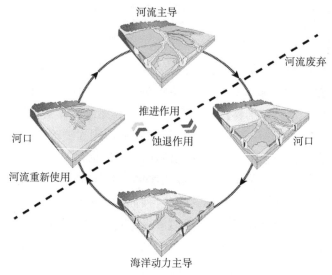

河流主导

河流废弃

推进作用

蚀退作用

河口

河口

河流重新使用

海洋动力主导

图 4-22　河流改道影响下的三角洲演变示意图[15]

4.5.4　沉积物因素

黄河直接来沙量大,三角洲行河流路叶瓣泥沙快速淤进堆积,形成松散的沉积层。在三角洲流路改道后,废弃的三角洲岸段没有新的泥沙补给覆盖,表层沉积物的干容重不超过 $0.908\ \mathrm{g/cm^3}$,沉积层抗冲性极差,临界起动摩阻流速不超过 $1.47\ \mathrm{cm/s}$,在一般潮流作用下沉积物便再次悬浮搬运[16]。因此,在亚三角洲废弃初期,受失去泥沙补给及海洋动力作用综合影响下,刁口河、清水沟废弃流路岸滩叶瓣立刻进入侵蚀状态,岸滩地形整体发生蚀退,在废弃初期蚀退速度最快,最大蚀退深度 $6.2\ \mathrm{m}$,5 a 尺度下年均最大蚀退速率为 $510\ \mathrm{m/a}$。

随着表层松散泥沙沉积物被潮流冲走后,一方面岸滩表层沉积物颗粒粗化,另一方面沉积物孔隙率下降,沉积物压实度随着水深增加而提高,沉积物抗冲性得到显著提高。时连强基于柱状样冲刷试验及现场测量发现 2004 年实测潮流摩阻流速小于表层沉积物临界启动摩阻流速,进而推断出三角洲泥沙的冲刷起动已由潮流作用转变为波流耦合作用[17]。

主要参考文献

［1］陈小英.陆海相互作用下现代黄河三角洲沉积和冲淤环境研究[D].上海:华东师范大学,2008.

［2］陈艳艳,崔丹丹,吕林,等.江苏省海岸线时空动态变化遥感监测关键技术研究概述[J].海洋开发与管理,2021,38(5):59-63.DOI:10.20016/j.cnki.hykfygl.2021.05.010.

［3］胡云健.盐城市岸线变化特征及其对海岸带生态环境影响研究[D].南京:南京信息工程大学,2024.DOI:10.27248/d.cnki.gnjqc.2024.000658.

［4］苏媛媛,孙钦帮,侯敏.黄河三角洲海岸线分形研究[J].资源与产业,2008,10(6):103-107.

［5］Hu X,Wang Y.Monitoring coastline variations in the Pearl River Estuary from 1978 to 2018 by integrating Canny edge detection and Otsu methods using long time series Landsat dataset[J].CATENA,2022,209:105840.https://doi.org/10.1016/j.catena.2021.105840.

［6］赵连军.黄河下游河道演变与河口演变相互作用规律研究[D].武汉:武汉大学,2005.

［7］庞家珍.黄河三角洲流路演变及对黄河下游的影响[J].海洋湖沼通报,1994(3):1-9.DOI:10.13984/j.cnki.cn37-1141.1994.03.001.

［8］Ji H Y,Pan S Q,Chen S L.Impact of river discharge on hydrodynamics and sedimentary processes at Yellow River Delta[J].Marine geology,2020,425:106210.https://doi.org/10.1016/j.margeo.2020.106210.

［9］唐国中,封德宏,王富强,等.黄河三角洲海岸线的演变特征及淤进和蚀退临界水沙值研究[J].华北水利水电大学学报(自然科学版),2020,41(6):40-46.DOI:10.19760/j.ncwu.zk.2020074.

［10］蒋超.黄河口动力地貌过程及其对河流输入变化的响应[D].上海:华东师范大学,2020.DOI:10.27149/d.cnki.ghdsu.2020.001820.

［11］Fan Y S,Chen S L,Zhao B,et al.Shoreline dynamics of the active Yellow River delta since the implementation of Water-Sediment Regulation Scheme:a remote-sensing and statistics-based approach[J].Estuarine,coastal and shelf science,2018,200:406-419,ISSN 0272-7714,https://doi.org/10.1016/j.ecss.2017.11.035.

［12］Jiang C,Chen S,Pan S,et al.Geomorphic evolution of the Yellow River Delta:quantification of basin-scale natural and anthropogenic impacts[J].CATENA,2018,163:361-377.https://doi.org/10.1016/j.catena.2017.12.041.

［13］杨洋,陈沈良,徐丛亮.黄河口滨海区冲淤演变与潮流不对称[J].海洋学报,2021,43(6):13-25.

［14］Fu Y,Chen S,Ji H,et al.The modern Yellow River Delta in transition:causes and implications[J].Marine geology,2021,436:106476.https://doi.org/10.1016/j.margeo.2021.106476.

［15］Twilley R R,Day J W,Bevington A E,et al.Ecogeomorphology of coastal deltaic floodplains and estuaries in an active delta:insights from the Atchafalaya Coastal Basin[J].Estuarine,coastal and shelf science,2019,227:106341.https://doi.org/10.1016/j.

ecss. 2019. 106341.

[16] 师长兴,章典,尤联元,等. 黄河口泥沙淤积估算问题和方法——以钓口河亚三角洲为例[J]. 地理研究,2003,22(1):49-59.

[17] 时连强,李九发,应铭,等. 现代黄河三角洲潮滩原状沉积物冲刷试验[J]. 海洋工程,2006(1):46-54. DOI:10.16483/j. issn. 1005-9865. 2006. 01. 008.

5

黄河口河海一体化
三维水沙耦合模型

为了使研究工作尽可能高起点,本研究拟选用成熟的三维模型 SCHISM[1] 作为基础水沙模型开发平台,将适合黄河口水沙特征及河床变形的泥沙输移参数嵌入其中。为了能最终实现模拟各尺度、中长历时的实际水沙运动过程,研究者前期对众多开源模型及自研模型进行了调研,最终拟选择美国弗吉尼亚海洋科学研究所开发的 SCHISM 模型作为开发平台,该模型有以下优点:①时间离散方法采用半隐格式,突破 CFL 限制,网格尺度为米级时仍可以采用分钟级的时间步长,计算效率高;②水平方向采用无结构三角形/四边形网格,垂向上采用 SZ 网格或 LSC^2 网格,在对计算域平面岸线和水下地形的处理上都有很高的自由度,可以专注于对地形及岸线的忠实概化,甚至不需要平滑处理;③SCHISM 模型守恒性较好,能模拟风暴潮、海啸等强非线性流动;④同时支持 MPI 和 OpenMP 并行计算,能进一步提高计算效率;⑤模型采用结构模块化设计,前后处理可视化工具丰富,目前已有水动力模型、温盐模型、波浪模型、简单的三维非黏性沙模块和海冰模型,本研究只需要专注于引入适合黄河口泥沙特征的参数化公式,建立黄河口黏性沙三维泥沙模型。

5.1 模型控制方程

近年来,无结构三角形/四边形网格下,采用有限元/有限体积法的 SCHISM 得到了迅速发展,并在全球海洋以及河口得到了广泛的应用。SCHISM(Semi-implicit Cross-scale Hydroscience Integrated System Model)[1] 代码开源,时间离散方法采用半隐格式,突破 CFL 限制,计算效率高;动量方程使用伽辽金有限元法(Galerkin Finite-Element Method)求解,其中对流项使用高阶欧拉-拉格朗日方法（Higher-order Eulerian-Lagrangian Method）计算，垂向流速采用有限体积法求解。

5.1.1 水动力温盐模块

（1）基本方程

模型的基本方程包括动量方程及连续性方程：

动量方程：

$$\frac{D\boldsymbol{u}}{Dt} = \boldsymbol{f} - g\,\boldsymbol{\nabla}\,\eta + \frac{\partial}{\partial z}\left(\nu\,\frac{\partial \boldsymbol{u}}{\partial z}\right) \tag{5-1}$$

$$\boldsymbol{f} = -f\boldsymbol{k}\times\boldsymbol{u} + \alpha g\,\boldsymbol{\nabla}\,\hat{\psi} - \frac{1}{\rho_0}\,\boldsymbol{\nabla}\,p_A - \frac{g}{\rho_0}\int_z^\eta \boldsymbol{\nabla}\,\rho\,d\zeta + \boldsymbol{\nabla}\,(\mu\,\boldsymbol{\nabla}\,\boldsymbol{u}) \tag{5-2}$$

连续性方程（2D 和 3D）：

$$\frac{\partial \eta}{\partial t} + \boldsymbol{\nabla}\,\cdot\int_{-h}^\eta \boldsymbol{u}\,\mathrm{d}z = 0 \tag{5-3}$$

$$\boldsymbol{\nabla}\,\cdot\,\boldsymbol{u} + \frac{\partial w}{\partial z} = 0, (\boldsymbol{u} = (u,v)) \tag{5-4}$$

物质输移方程：

$$\frac{Dc}{Dt} = \frac{\partial}{\partial z}\left(\kappa\,\frac{\partial c}{\partial z}\right) + \dot{Q} + \boldsymbol{\nabla}\,(\kappa_h\,\boldsymbol{\nabla}\,c), c = (S,T) \tag{5-5}$$

状态方程：

$$\rho = \rho(p,S,T) \tag{5-6}$$

式中：z 为垂向坐标；t 为时间；$\boldsymbol{\nabla} = \left(\dfrac{\partial}{\partial x},\dfrac{\partial}{\partial y}\right)$；$\eta$ 为潮位；h 为静态水深；$D = H + \eta$ 为总水深；$\vec{v} = (u,v)$ 为水平流速矢量；w 为垂向流速；α 为弹性系数；f 为科氏力参数（$f = 2\omega\sin\phi$，ϕ 为纬度，ω 为地球自转角速度）；g 为重力加速度；ρ、ρ_0 分别为海水和淡水密度；S、T 分别为盐度和温度；p_A 为水面大气压；κ 为垂向扩散系数；κ_h 为水平扩散系数。

（2）紊流模型

紊流模型采用 Umlauf 和 Burchard（2003）提出的 GLS（Generic Length Scale）模型概念[2]，将已有的许多双方程模型进行了形式上的统一。GLS 模型由标准的紊动动能、紊动尺度变量输运方程组成，它定义通用紊动尺度变量 $\psi = (c_\mu^0)^p k^m l^n$，式中 m、n、p 取不同值时，GLS 模型即可转换为 k-e、k-w 等双方程模型。

$$\frac{Dk}{Dt} = \frac{\partial}{\partial z}\left(\nu_k^\psi \frac{\partial k}{\partial z}\right) + K_{mv}M^2 + K_{hv}N^2 - \varepsilon \tag{5-7}$$

$$\frac{D\psi}{Dt} = \frac{\partial}{\partial z}\left(\nu_\psi \frac{\partial \psi}{\partial z}\right) + \frac{\psi}{k}(c_{\psi 1}K_{mv}M^2 + c_{\psi 3}K_{hv}N^2 - c_{\psi 2}F_{wall}\varepsilon) \tag{5-8}$$

5.1.2 波浪模块

（1）控制方程

波浪模块基于 WWM-Ⅲ，波浪运动方程（WAE）如下[3]：

$$\underbrace{\frac{\partial}{\partial t}N}_{\text{Change in time}} + \underbrace{\mathbf{\nabla}_x(\dot{X}N)}_{\text{Advection in horizontal space}} + \underbrace{\frac{\partial}{\partial \sigma}(\dot{\theta}N) + \frac{\partial}{\partial \theta}(\dot{\sigma}N)}_{\text{Advection in spectral space}} = \underbrace{S_{\text{total}}}_{\text{Total source term}} \tag{5-9}$$

式中，波浪运动指数定义为：

$$N_{(t,X,\sigma,\theta)} = \frac{E_{(t,X,\sigma,\theta)}}{\sigma} \tag{5-10}$$

式中：E 表示海平面高程的方差密度（variance density）；σ 为相对波动频率；θ 为波动方向。

不同相空间内的波浪对流流速根据几何光学近似原理给出（Keller，1958）：

$$\dot{X} = cx = \frac{dX}{dt} = \frac{d\omega}{d\mathbf{k}} = c_g + U_{A(k)}$$

$$\dot{\theta} = c\theta = \frac{1}{\mathbf{k}}\frac{\partial \sigma}{\partial d}\frac{\partial d}{\partial m} + \mathbf{k} \cdot \frac{U_{A(k)}}{\partial s}$$

$$\dot{\sigma} = c_\sigma = \frac{\partial \sigma}{\partial d}\left(\frac{\partial d}{\partial t} + U_A \cdot \mathbf{\nabla}_x d\right) - c_g\mathbf{k}\frac{U_{A(k)}}{\partial s} \tag{5-11}$$

式中：s 表示沿波浪传播方向的坐标，m 垂直于 s。X 为地理空间内（x，y）矢量的笛卡尔坐标，d 为水深，$\mathbf{k}$ 为波数矢量，c_g 为群速，$\mathbf{\nabla}_x$ 为地理空间内的梯度算子。群速由线性扩散关系式计算得到。有效波浪对流流速 U_A 一般与每个波动分量的波数矢量有关。

S_{total} 为源项函数,包括:由风产生的能量输入(S_{in}),波浪在深水区和浅水区分别产生的非线性相互作用项(S_{nl4} 和 S_{nl3}),由于波峰破碎(whitecapping)和波浪破碎(wave breaking)在深水区和浅水区分别产生的能量耗散(S_{ds} 和 S_{br}),以及由底部摩擦引起的能量耗散(S_{bf}):

$$\frac{DN}{Dt} = S_{total} = S_{in} + S_{nl4} + S_{nl3} + S_{ds} + S_{br} + S_{bf} \tag{5-12}$$

(2)数值求解

WWM-Ⅲ 模型使用分裂步方法求解 WAE:

$$\frac{\partial N^*}{\partial t} + \frac{\partial}{\partial \theta}(c_\theta N) = 0; \left[N^*_{(t=0)} = N_0\right] \text{on} \left[0, \Delta t\right]$$

$$\frac{\partial N^{**}}{\partial t} + \frac{\partial}{\partial \sigma}(c_\sigma N^*) = 0; \left[N^{**}_{(t=0)} = N^*_{(t=\Delta t)}\right] \text{on} \left[0, \Delta t\right]$$

$$\frac{\partial N^{****}}{\partial t} + \frac{\partial}{\partial x}(c_x N^{**}) + \frac{\partial}{\partial y}(c_y N^{**})$$
$$= 0; \left[N^{***}_{(t=0)} = N^{**}_{(t=\Delta t)}\right] \text{on} \left[0, \Delta t\right]$$

$$\frac{\partial N^{****}}{\partial t} = S_{(N^{**}), total}; \left[N^{****}_{(t=0)} = N^{***}_{(t=\Delta t)}\right] \text{on} \left[0, \Delta t\right] \tag{5-13}$$

波浪模块与水动力模型同网格,可以同时间步长耦合。

5.1.3 泥沙模块

SED3D 模块是一个包含推移质和悬移质输移,以及河床变形的非均匀沙的全沙模型,主要计算非黏性沙。悬沙输移方程主要通过有限体积法求解。泥沙模块与水动力模型同网格,同时间步长耦合,无须嵌套。

含沙量的对流扩散方程及河床边界条件为:

$$\frac{\partial c_j}{\partial t} + \mathbf{\nabla}_h \cdot (\mathbf{u} c_j) + \frac{\partial \left[(w - w_{sj}) c_j\right]}{\partial z} = \frac{\partial}{\partial z}\left(\kappa \frac{\partial c_j}{\partial z}\right) + F_h \tag{5-14}$$

$$\kappa \frac{\partial c_j}{\partial z} + w_{sj} c_j = D_j - E_j \tag{5-15}$$

其中冲刷通量：

$$E_j = M_{0,j}(1-p)f_j\left(\frac{\tau_b}{\tau_{cr,j}} - 1\right),\text{当}\tau_b > \tau_{cr,j} \tag{5-16}$$

式中：τ_b 为床面切应力；$\tau_{cr,j}$ 为临界起动切应力；$M_{0,j}$ 为冲刷系数。

河床变形方程：

$$\int_A \Delta h^j\, dA = \frac{1}{1-p}\oint_{\partial A} Q_n^j\, d\Gamma \tag{5-17}$$

5.2　模型建立

数模计算范围的选取主要考虑两个因素，一是容易取得水流边界条件，二是计算水边界应远离工程区域，避免工程实施对边界水流条件的影响。本项目大范围三维潮流泥沙数学模型的计算范围(图 5-1)包括黄河口和渤海湾。计算区域上边界取在黄河的利津站，下边界在渤海湾口。模型水平方向采用三角形无结构网格对计算域进行剖分，在黄河尾闾河道及黄河三角洲区域适当加密，以反映河口区的细部特征。模型的范围及网格布置如图 5-1 所示。

图 5-1　数学模型网格布置图(现状岸线)

5.3 模型验证

大面流态是否合理,这是数模验证首先关心的问题。如果流场分布与实际相似程度较好,则说明地形、陆边界的概化以及水边界条件的确定是合理的。在此基础上,通过调整糙率等参数使测点的潮位和潮流符合实测资料。

数模验证以往年水文测验数据为基础进行率定,以实测水文测验资料来验证,包括水位验证、流速验证、含沙量验证以及地形验证,验证精度符合相关要求。此外,数模验证最好能包含不同水文条件期间的验证,比如洪水期、枯水期、风暴潮以及寒潮、冰凌期等。

5.3.1 渤海潮波系统验证

渤海是一陆架浅海,潮波和潮流是海洋动力系统的主体[4]。潮流对近海泥沙的悬浮和输运起到至关重要的作用,同时潮余流是渤海环流的主要组成部分,因此潮波潮流的重要性不可或缺。

渤海的潮汐运动是由经渤海海峡进入的北黄海潮波系统引起的谐振潮[5]与在渤海这个浅水域中形成的浅水分潮组成的,具有显著的旋转特征:M_2 和 S_2 在渤海有两个分别以秦皇岛和黄河口无潮点为中心的顺时针旋转潮波系统;K_1 和 O_1 无潮点位于渤海海峡附近[5-7]。渤海的潮波运动方式为驻波,潮时的变化是围绕无潮点逆时针增加的[5,8,9]。

渤海潮流以半日潮流为主,M_2 分潮的强流区位于渤海海峡,其中以老铁山水道最甚,这一带潮流椭圆分布几乎蜕化成直线,接近往复流形式。此外,辽东湾东侧、渤海湾北侧和南侧流速也比较强,黄河口外海也是一强潮流区;弱流区分别位于莱州湾东南部,以及秦皇岛和滦河口一带[5,7]。

模型采用 2022 年 7—8 月的潮汐表数据进行验证,并将渤海沿岸 14 个长期测站的调和常数(M_2、S_2、K_1、O_1 等分潮振幅)与模拟结果的调和常数偏差列于表 5-1 中。

表 5-1　各分潮调和常数计算值偏差统计　　　　　　　　　单位:cm

站点	M_2	S_2	K_1	O_1	N_2
大连	−5.9	−1.8	0.1	−2.6	−0.4
旅顺新港	−3.7	0.0	−2.7	−2.5	0.1

续表

站点	M₂	S₂	K₁	O₁	N₂
鲅鱼圈	-4.8	-1.4	-2.1	-4.8	0.1
锦州港	-5.5	-1.1	-4.5	-4.8	1.1
山海关	2.0	-1.6	-1.1	-1.6	0.6
秦皇岛	4.0	-0.3	-2.2	-3.5	0.3
京唐港	1.2	-1.3	-1.0	-2.9	0.3
塘沽	-0.4	-8.4	0.1	-2.9	-0.7
黄骅港	1.3	-7.5	0.1	-2.4	-0.3
东风港	0.7	-2.4	3.7	4.1	1.3
东营港	-7.3	1.1	-1.2	-3.0	-0.6
莱州港	-16.1	-10.1	-0.1	-1.4	-1.4
蓬莱	-5.6	-2.3	0.7	1.1	-0.7
烟台	-2.8	0.3	0.0	0.3	-0.5

由表 5-1 可知,代表站 M_2 分潮振幅误差基本在 7.3 cm 以内,莱州港站偏差最大,约 16.1 cm,平均偏差 4.4 cm;S_2 分潮振幅误差基本在 8.4 cm 以内,莱州港站偏差最大,约 10.1 cm,平均偏差 2.8 cm;K_1 分潮振幅误差基本在 4.5 cm 以内,平均偏差 1.4 cm;O_1 分潮振幅误差基本在 4.8 cm 以内,平均偏差 2.7 cm;N_2 分潮振幅误差基本在 1.4 cm 以内,平均偏差 0.6 cm。总体上,本研究建立的数学模型能够比较真实地反映出渤海的潮波系统特征。

5.3.2 天文潮潮动力过程验证

利用 2018 年 10 月实测天文潮水文测验资料进行水流验证,包括渤海海域6 个临时潮位站 H1~H6 及水文垂线,验证各测点的潮位及流速流向过程。验证点位如图 5-2 所示。

模型潮位验证曲线如图 5-3 所示,验证图中水位基准面均换算成平均海平面。通过验证可以看出,高、低潮位实测与计算值的误差基本在 ±10 cm 以内,潮位振幅和位相计算值亦与实测值基本一致,H1 由于受无潮点影响导致相位偏差略大,总体而言,潮位过程与实测数据较为贴合。

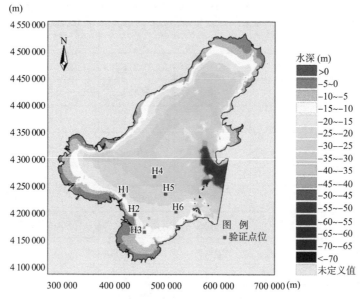

图 5-2　渤海天文潮验证点位布置示意图

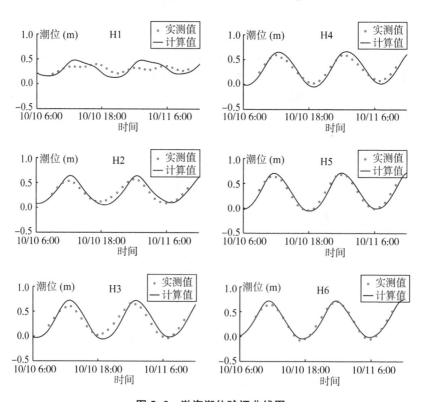

图 5-3　渤海潮位验证曲线图

通过验证监测点位的数值计算结果和实测资料,由图5-4可以看出,流速的大小以及方向,转流发生时刻的计算值与实测值基本一致,除了H3点位平均流速偏差略大外,其他各站位涨落潮平均流速最大误差在10%以内。计算结果基本反映了计算海域潮流状况。

总体上看,所建模型对本海域水动力的模拟较吻合,基本能够反映出工程所有海域的实际情况。

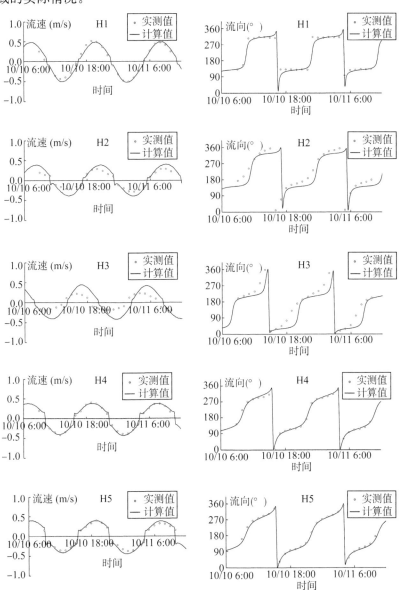

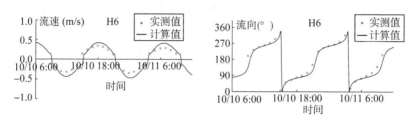

图 5-4　渤海实测潮流验证曲线图

5.4　黄河口水沙动力特征

通过潮汐及潮流的模型结果,开展调和分析计算,获得渤海湾潮波系统各分潮同潮图及整个渤海潮汐类型分布图(图 5-5)。本研究同时也获取了不同水深下渤海潮流各分潮同潮图及潮流椭圆率分布图,完成了对整个渤海潮波及潮流系统的水动力特征分析。

图 5-5　渤海潮汐类型分布

本研究收集并分析了黄河口利津站 2012 年实测典型洪水流量过程。在黄河口及渤海一体化水动力模型基础上,建立了跨尺度三维洪潮耦合水沙输移动床数学模型;图 5-6 展示了尾闾河段利津、一号坝和西河口等沿程站点洪水水位过程的验证结果,模拟误差符合相关规程要求。

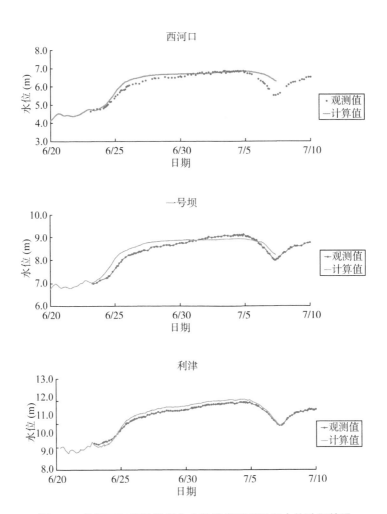

图 5-6 黄河口三维洪潮耦合水沙数学模型沿程水位验证结果

2012 年洪水利津站最大洪峰流量 3 530 m³/s,尾闾河段洪峰时沿河道轴线的水面线自利津向黄河口方向沿程分布如图 5-7 所示。洪水从利津下泄后,利

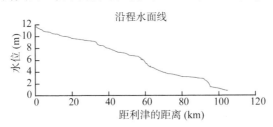

图 5-7 洪峰时期利津至黄河口门沿程水面线过程复演

津—朱家屋子水位纵比降约 0.08‰,下游朱家屋子—CS7 纵比降变陡至 0.10‰,CS7 下游急弯段水位纵比降可达 0.27‰,过急弯段后放缓至 0.08‰,汊加 1 断面下游由于河口拦门沙的存在,水面纵比降增加到 0.36‰。

图 5-8 展示了洪水期黄河入海后的涨潮、落潮时期含沙量平面分布的变化,从模拟过程来看,口门处含沙量较大,可达 10 kg/m³,向海方向越远含沙量越小,基本符合黄河口及海域泥沙输移基本特征。

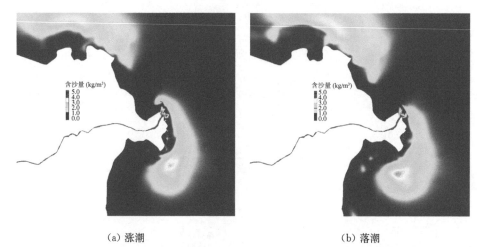

（a）涨潮 （b）落潮

图 5-8 洪水期黄河口入海泥沙含沙量涨潮、落潮期平面分布

径流量的变化显著影响黄河尾闾河道及潮间带的潮汐动力特征。O_1、K_1 和 M_2 是黄河口近岸分潮振幅随径流量变化最大的分潮。图 5-9 展示了不同径流量($Q=0$ m³/s、500 m³/s、1 500 m³/s、4 000 m³/s)条件下黄河口尾闾河段及附近海域 M_2 分潮振幅的影响。随着径流量的增大,分潮振幅在河道和潮间带减小明显,且离岸侧径流量变化对分潮振幅的影响较小,在外海可忽略不计。

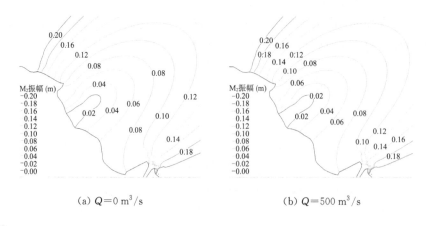

（a）$Q=0$ m³/s （b）$Q=500$ m³/s

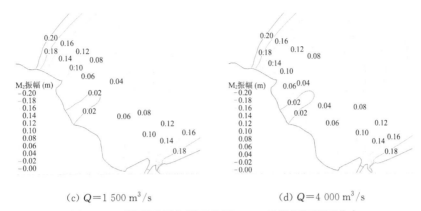

(c) $Q=1\,500\ \mathrm{m^3/s}$ (d) $Q=4\,000\ \mathrm{m^3/s}$

图 5-9   不同径流量条件下黄河口 M_2 分潮振幅平面分布

5.5   黄河口泥沙输移扩散

"夏储冬输"作为黄河河口区泥沙输移的一种特殊现象,主要由季节性水沙变化与多种自然和人为因素共同作用形成,如:潮汐、径流[10]、风、波浪、余流、温度[11]、盐度[12]、冰浓度、寒潮、海平面等。在多相动力的综合作用下,黄河入海泥沙的"夏储冬输"机制呈现出多样的特征。本小节聚焦黄河径流、波浪、潮汐和潮流等因素对黄河入海泥沙扩散与淤积规律的影响,探讨在"夏储冬输"背景下泥沙的冲淤位置、扩散路径及范围。利用 SCHISM 模型进行数值模拟分析,较好地再现了黄河入海泥沙沉积和扩散的现状。这一研究为进一步加强黄河口及其邻近海域的生态治理、岸滩演变等研究提供了理论基础。

渤海中的悬浮泥沙部分来源于黄河,另一部分则由渤海自身沉积物再悬浮产生。本小节旨在研究黄河入海泥沙的夏季积累与冬季输送特性,同时考虑渤海自身沉积物的影响,以尽可能全面地模拟黄河口悬浮泥沙的来源。2018 年7 月 20 日是利津站悬浮泥沙浓度的峰值日,因此选取该日浓度峰值时刻作为夏季悬沙浓度输移分析的代表时刻,黄河口夏季悬浮泥沙分布如图 5-10 所示。2018 年 1 月 2 日是利津站悬浮泥沙浓度最低值日,因此选取该日浓度最低值时刻作为冬季悬浮泥沙浓度输移分析的代表时刻,冬季悬浮泥沙分布如图 5-11 所示。

在夏季,河口位置形成的高浓度带逐渐扩大,悬浮泥沙浓度由于来水来沙量剧增而呈现年际最大值,浓度梯度随着距黄河入海口的距离增加而降低,最值主要出现在河口内部、河口西侧近岸位置以及河口以东区域,由于切变峰以及往复流的作用,悬浮泥沙不会大量扩散到渤海中部,部分悬浮泥沙扩散至莱州湾,以

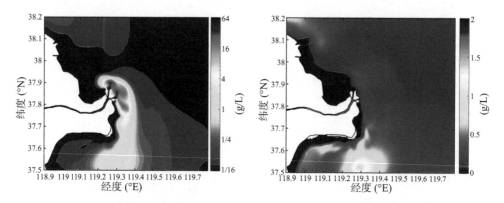

图 5-10　2018 年夏季悬浮泥沙浓度平面分布　　图 5-11　2018 年冬季悬浮泥沙浓度平面分布

河口东部为中心浓度梯度向四周扩散,莱州湾西侧近岸位置悬浮泥沙浓度梯度较东侧梯度小,悬浮泥沙有继续向莱州湾扩散的趋势,故说明黄河入海悬浮泥沙主要往莱州湾西侧近岸位置输移。夏季悬浮泥沙浓度主要储存在河口附近近岸位置,此时已有部分泥沙输向了外海,但是相较于在河口位置来回波动的悬浮泥沙量较小,可忽略不计。

在冬季,由于来水来沙量减小,河口水沙动力减弱,黄河入海口以内的悬浮泥沙浓度较夏季大量减少,几乎可忽略不计。口门外的悬浮泥沙浓度高于河流输入的悬浮泥沙浓度。来水来沙量减小,泥沙源少部分来自黄河入海水沙,大部分来自夏季沉积在河口位置的泥沙和未沉积的悬浮泥沙,在潮流、波浪混合作用下向渤海莱州湾东部、渤海中部、渤海湾输送。

由此可以看出,“夏储冬输”现象的悬浮泥沙浓度分布特征可归结为:夏季为“夏储冬输”的储蓄阶段,河口高悬浮泥沙浓度带大面积发育,延伸至莱州湾;冬季为“夏储冬输”的输出阶段,在莱州湾的高悬浮泥沙浓度梯度降低,部分悬浮泥沙直接输向外海,部分悬浮泥沙沿岸扩散后输向外海。

5.6　黄河口底床切应力

潮流对海床的作用力是影响黄河口泥沙输运的关键因素。在强潮流作用下,底床表面的泥沙颗粒会被频繁搬运、侵蚀,形成复杂的地貌特征;而在弱潮流区域,泥沙更易沉积,形成淤积区。在风暴等极端天气下,波浪作用力会显著增强,导致大规模的海床侵蚀和泥沙的远距离输运。黄河口潮流与波浪造成的底床切应力随着季节的变化有着不同的分布,“夏储冬输”现象的悬浮泥沙浓度分布对底床切应力的响应程度也较大。不同季节底床切应力如图 5-12、图 5-13 所示。

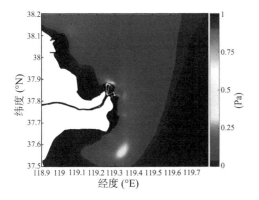

图 5-12　2018 年夏季底床切应力

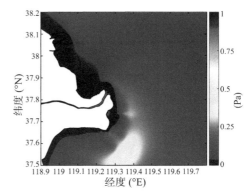

图 5-13　2018 年冬季底床切应力

　　进一步分析可知,潮流输沙季节变化不大,每个季节均存在着往复流和切变峰的阻隔作用,但是波浪掀沙的能力季节变化较大,底床切应力季节变化较大。在夏季,来水来沙量大,有效波高较小,底床切应力也较小,致使夏季泥沙储存能力较强,输向外海能力较弱,悬浮泥沙高浓度带在河口位置出现;在冬季,来水来沙量小,有效波高较大,底床切应力较大,致使秋冬季节泥沙储存能力较弱,输向外海能力较强,原本夏季沉积在河口以及河口西侧凹岸的泥沙会在波浪的作用下进行再悬浮,并通过潮流、沿岸流不断输向莱州湾,冬季大部分泥沙输向了渤海中部。黄河入海泥沙呈现夏季储强输弱,冬季储弱输强的特点,表现为夏季有大范围的高悬浮泥沙浓度带,冬季高悬浮泥沙浓度带小,浓度梯度低。

主要参考文献

［ 1 ］ Zhang Y J,Ye F,Stanev E V,et al. Seamless cross-scale modeling with SCHISM[J]. Ocean modelling,2016,102:64-81.

［ 2 ］ Umlauf L,Burchard H. A generic length-scale equation for geophysical turbulence models[J]. Journal of marine research,2003,61:235-265.

［ 3 ］ Komen G J,Cavaleri L,Donelan M,et al. Dynamics and modelling of ocean waves[M]. Cambridge:Cambridge University Press,1994.

［ 4 ］ 方国洪.黄海潮能的消耗[J].海洋与湖沼,1979(3):200-213.

［ 5 ］ 张占海,吴辉碇.渤海潮汐和潮流数值计算[J].海洋预报,1994(1):48-54.

［ 6 ］ 方国洪,杨景飞.渤海潮运动的一个二维数值模型[J].海洋与湖沼,1985(5):337-346.

［7］窦振兴,杨连武,Ozer J. 渤海三维潮流数值模拟[J]. 海洋学报(中文版),1993(5):1-15.

［8］韩天. 渤海湾半日潮平均大潮(M_2＋S_2)潮流场数值模拟研究[J]. 海洋技术,1992(3):58-68.

［9］杨连武,韩康,窦振兴,等. 辽东湾顶极浅海潮流数值计算[J]. 水动力学研究与进展(A辑),1994(2):170-181.

［10］Milliman J D,Meade R H. World-wide delivery of river sediment to the oceans[J]. The journal of geology,1983,91(1):1-21.

［11］刘毅. 温度对黏性泥沙的沉速及淤积的影响[J]. 水利水电快报,1994(13):21-24.

［12］王伟宏. 黄河口地区海水盐度场对泥沙固结过程影响研究[D]. 青岛:中国海洋大学,2015.

6

调水调沙对岸滩
演变的影响

为缓解黄河下游河道淤积问题,2002 年调水调沙工程[1-2]正式实施。调水调沙工程对黄河三角洲岸滩演变的影响体现在多个方面。通过调控泥沙输移和沉积过程,工程措施有效减少了河口淤积,优化了泥沙在岸滩的分布,防止局部泥沙堆积和河床抬升[3-4]。同时,泥沙的冲刷与沉积作用调节了岸线的侵蚀与堆积平衡,促进了河道迁徙和岸滩形态的动态调整[5]。此外,调水调沙为黄河三角洲的湿地提供了营养物质,有助于恢复和保护生态系统,增强了三角洲的抵御能力。在河口和海岸线演变方面,调控泥沙入海量使得河口淤积得到控制,保持了河口和海岸线的相对稳定。长期来看,调水调沙工程能够减缓黄河三角洲的沉积与侵蚀速率,促使其形态逐渐趋于平衡,发挥了对三角洲地貌与生态系统的双重保护作用。此外,入海水沙变化与气候变暖以及其他人类活动加剧,又反作用于入海水沙输移变化,使得黄河三角洲正面临着新的变化形势。

6.1 研究区概况

6.1.1 河道与入海口变迁

黄河下游尾闾河道自 19 世纪中叶以来经历了多次显著的改道过程,具体可分为若干阶段加以描述。首先,1855 年黄河由苏北地区通过大清河改道入渤海,开启了其在三角洲区域内行水的历程。在接下来的近 160 年间,黄河尾闾河道频繁摆动,历史文献及实地调查统计表明,该河道累计决口改道超过 50 次,其中规模较大的改道约 10 次[6-7]。

在 1855 年至 1929 年期间,黄河的流路主要受自然因素影响,以宁海为顶点发生了 5 次明显的扇形摆动。进入 1934 年后,由于人为干预作用,扇形流路的顶点逐渐下移至渔洼区域,并在此过程中又发生了 5 次摆动。

自 1949 年以来,黄河口流路经历了 4 次重大的改道事件,具体包括 1953 年的神仙沟改道、1964 年的刁口河改道、1976 年的清水沟改道以及 1996 年的北汊改道。2002 年,国家实施调水调沙工程措施,显著改变了黄河入海水沙的年内分布,在短时间内将约 1/5 的年径流量和 2/5 的泥沙输往大海。从 2002 年至 2007 年,尾闾河道的水流走向呈现东向转北向,这种走向导致区域环境呈现出高度不稳定的状态。2013 年,黄河入海口由北汊改为北汊与东汊,一直持续至今,塑造了河口当前的地貌格局[8-9]。

频繁的河道改道不仅改变了黄河口区域的冲淤环境,还显著影响了泥沙输运的格局[10]。随着调水调沙调控措施的实施,泥沙运移特征及沿海地貌演变将进一步发生变化。因此,深入研究调水调沙调控措施与岸滩演变之间的关系,对于黄河河口的综合治理与黄河河口可持续发展具有重要的理论意义和实践价值。

6.1.2 岸滩地貌组成

黄河泥沙来源于黄土高原,主要由粉土和黏土组成。在潮流的影响下,黄河泥沙被搬运和沉积,形成了黄河三角洲。由于黄河的泥沙含量极高,三角洲地区的陆地扩展速度非常快,新生陆地面积迅速增加,不到 50 年的时间就堆积形成了大型的河口三角洲,并发育成典型的粉砂淤泥质海岸,其潮间滩涂宽广平坦,是世界上最新、发展最快的三角洲之一,具有典型的河口沉积地貌特征。黄河三角洲,一般多指近代黄河三角洲,即以垦利宁海为顶点,北起套尔河口,南至支脉沟口的扇形地带为近代黄河三角洲,面积约 5 400 km²,其中 5 200 km² 在东营市境内。现代黄河三角洲,则为以垦利渔洼为顶点,北起挑河口,南至宋春荣沟之间的扇形地带,面积约 2 800 km²。

课题组在 2021 年于现代黄河三角洲河口附近滨海区采集海床表层沉积物样品(图 6-1)。采用应用广泛的 Folk-Ward 图解法公式[11]计算平均粒径,结合 Shepard 沉积物命名法对样本表层沉积物进行分类命名。沉积物粒级划分的标准采用 Udden-Wentworth 等比制 Φ 值粒级标准,粒度用 Φ 值表示,其与粒径 d 的关系为 $\Phi = -\log_2 d$。采用激光粒径分析仪测定,沉积物平均粒径为 13.57~133.55 μm(2.90~6.20Φ),分别计算表层沉积物中各组分为砂(1~4Φ)、粉砂(4~8Φ)和黏土(8~12Φ)百分含量。结果表明,现行黄河三角洲河口附近沉积物种类主要以砂、粉砂质砂、砂质粉砂、黏土质粉砂、粉砂和砂-粉砂-黏土构成[12],在采集的 3 份沉积物样品中砂、粉砂和黏土各类沉积物所占百分含量平均值为 12.74％、73.17％、14.09％(图 6-1)。上游来水来沙以现行河口为主要沉积区域,沉积物中以细颗粒泥沙为主。

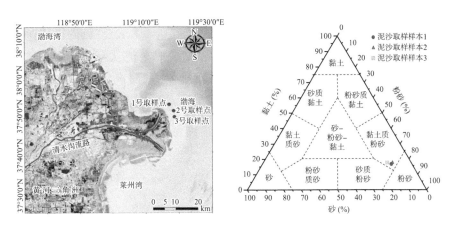

图 6-1　泥沙样本采集位置及样本组分

6.1.3　气候特征与沉积动力环境

（1）气温与降水

黄河三角洲地区位于山东省北部,地处中纬度,渤海湾与莱州湾之间,总体上属温带半湿润半干旱大陆性季风气候,受欧亚大陆和太平洋季风的共同影响,也兼具海洋性气候的特点。区域内气候基本特征表现为:雨热同期,四季分明。春季,干旱而多风;夏季,炎热多雨,湿度较大,风暴潮侵袭偶发;秋季,气温伴随降水同期下降,天高气爽;冬季,受欧亚大陆季风影响,天气干冷,风大且多,盛行北风或西北风。在过去 50 年间(1961—2010 年),年平均温 11.7～12.6 ℃,1 月份多年平均温度最低(−3.6 ℃),7 月份多年平均温度最高(27.6 ℃),依据月平均温度特征,按气象学标准,重新定义了各月份季节归属(表 6-1),年降水量 530～630 mm,且 60％～70％集中于夏季,年平均蒸散量 750～2 400 mm。

表 6-1　多年平均月温度值

月份	1	2	3	4	5	6	7	8	9	10	11	12
气温(℃)	−3.6	0.7	6.9	14.3	20.1	24.8	27.6	26.2	20.2	13.7	7.6	−1.1
季节归属	冬	冬	春	春	夏	夏	夏	夏	秋	秋	冬	冬

（2）潮汐与潮流

黄河口是一个弱潮河口，平均潮差在 0.73～1.77 m 之间，以不规则半日潮为主。无潮点通常位于五号桩外，潮差为 0.6 m。三角洲近岸海域的潮差自无潮点向西和南逐渐增大，至三角洲西侧的套尔河口和南侧的小清河口，潮差可超过 1.6 m。黄河三角洲近岸潮流与岸线平行，涨潮时流向南，落潮时流向北，平均流速为 0.5～1.0 m/s，神仙沟以北流速最大可达 1.2 m/s，而湾顶流速仅为 0.6 m/s。近岸区域的余流主要受风影响，偏南风时余流从莱州湾向三角洲北部，偏北风时则由西北向东南。黄河口的潮段较短，潮区界限通常不会超过 30 km，枯季潮流界限只有 2～3 km，而洪水季节流量可影响到黄河口外海滨，潮流界限常被推向口门外。

6.2　入海水沙特征变化

黄河径流挟带大量泥沙入海对三角洲岸滩地貌演变有着显著影响，造成黄河三角洲岸滩淤积或冲刷。由图 6-2(a)可知，黄河入海水沙自 1950 年至 2023 年，整体呈现下降态势。除个别年份外，汛期内径流量占年径流量的比例不低于 50％，汛期排水的格局没有改变，即使从 2002 年调水调沙工程措施开展后，仍呈现这一分布。由图 6-2(b)可知，黄河年输沙量与年径流的变化基本一致，整体呈现出减少趋势，其中汛期内输沙量基本可以占到年输沙量的 50％～70％，汛期内大量水沙入海的局面没有改变。然而，人类活动的影响，对黄河三

图 6-2(a)　利津站逐年径流量变化

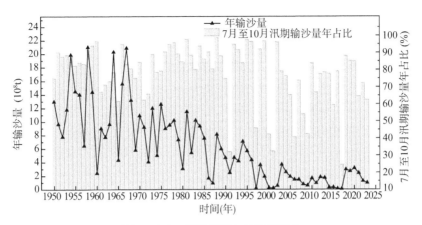

图 6-2(b) 利津站逐年输沙量变化

角洲岸滩地貌格局的影响,呈现出越来越重要的作用[13],其中调水调沙工程措施的实施,是人类首次主动影响河口三角洲演变的创举,但其对入海水沙输移扩散产生的影响研究中尚有诸多亟待解决的问题。

由图 6-3 可知,入海水沙从 1965 年至 2021 年间,入海流量呈现出两段相反的线性关系,将入海流量分成两个阶段,阶段一为 1965—2002 年,阶段二为 1997—2021 年,考虑 1997—2002 年为黄河下游河道改道与调水调沙工程实施节点,故选取这一时间段作为阶段一与阶段二的共用时间。可发现在阶段一内,入海流量呈现负相关关系;在阶段二内,入海流量呈现正相关关系,其中增加强度略低于减小强度。

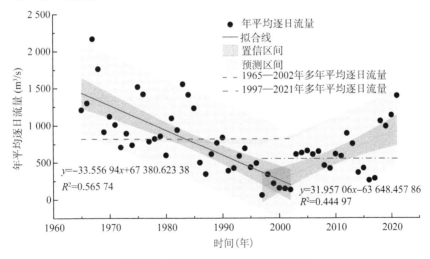

图 6-3 利津站年平均逐日流量变化

151

由图 6-4(a)与图 6-4(b)可知,通过分析 1965 年至 2021 年间水沙变化的多年平均逐月资料与多年平均逐日资料,得出多年平均逐月径流量,1965—2002 年间与 1965—2021 年间,呈现出基本一致的分布,而 1997—2021 年间多年平均逐月分布有着较为明显的差别,其汛期内径流量 7 月份比重更大,其余月份基本一致。在多年逐日平均资料中,这一变化更为明显,可发现汛期内日径流量的差异更为显著。此外,由图 6-4(c)与图 6-4(d)可知,入海泥沙也呈与入海径流较为相似的格局。由此得出,调水调沙基本没有改变年内水沙分布的季节规律,主要影响汛期内水沙分配逐日规律。

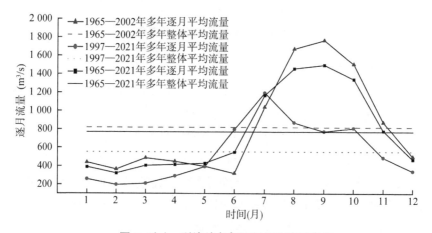

图 6-4(a)　利津站多年逐月平均流量变化

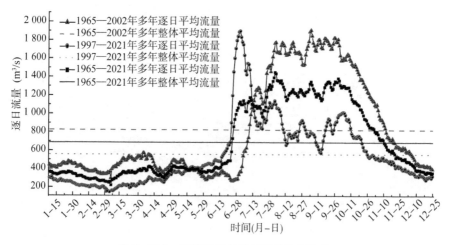

图 6-4(b)　利津站多年逐日平均流量变化

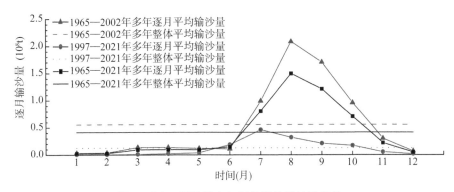

图 6-4(c)　利津站多年逐月平均输沙量变化

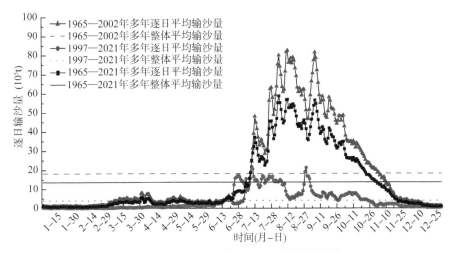

图 6-4(d)　利津站多年逐日平均输沙量变化

6.3　水沙动力数值模拟

6.3.1　SCHISM 模型介绍

SCHISM(半隐式跨尺度水科学综合系统模型)是一个基于非结构化网格的开源社区支持的建模系统,旨在无缝模拟 3D 斜压环流、小溪-湖泊-河流-河口-大陆架-海洋尺度[14]。采用半隐式基于欧拉-拉格朗日算法的半隐式有限元法和有限体积法,高效且准确地求解纳维-斯托克斯(Navier-Stokes)方程,时间离散方法不受 CFL 约束,数值算法智能地将高阶方法与低阶方法混合在一起,计算过程高效且稳定,能够获得稳定和准确的结果,它还自然地结合了滩涂的湿润和干燥,自动进行水深平滑处理,可以更有效地进行干湿识别,以便涉及广泛的物理和生物过程。SCHISM 模型网格采用非结构网格[15]可以更好地对岸边界进行捕捉,通过局部加密网格技术能够对复杂边界进行高度拟合,既提高了网格精度,又避免了过大的计算量。在垂向上,采用混合 S-Z 分层,在近岸浅水区域可用更少的分层数,来减小模型因分层过多导致的浅水区域结果偏大问题。SCHISM 模型自带多个模块,能够在波流耦合、水质、生态、风暴潮、泥沙输运等多个领域进行应用。

SCHISM 模型的动量方程为:

$$\frac{D\boldsymbol{u}}{\mathrm{d}t} = f - g\,\boldsymbol{\nabla}\,\eta + \boldsymbol{m}_z - \alpha\mid\boldsymbol{u}\mid\boldsymbol{u}L(x,y,z) \tag{6-1}$$

$3D$ 和 $2D$ 深度积分形式的连续性方程为:

$$\boldsymbol{\nabla}\cdot\boldsymbol{u} + \frac{\partial w}{\partial z} = 0 \tag{6-2}$$

$$\frac{\partial\eta}{\partial t} + \boldsymbol{\nabla}\cdot\int_{-h}^{\eta}u\,\mathrm{d}z = 0 \tag{6-3}$$

式中:$\boldsymbol{\nabla}$ 为向量算子;z 为垂直坐标(向上为正);t 为时间;$\eta(x,y,t)$ 为自由表面高度;u 为水平速度;w 为垂向速度;f 为动量中的其他强迫项(斜压梯度、水平黏度、科氏力、潮汐势大气压、辐射应力);g 为重力加速度;v 为垂直涡动黏性系数;其余变量可查阅 SCHISM 模型手册。

输运方程为:

$$\frac{\partial C}{\partial t} + \boldsymbol{\nabla}\cdot(\boldsymbol{u}C) = \frac{\partial}{\partial z}\left(\kappa\,\frac{\partial C}{\partial z}\right) + F_h \tag{6-4}$$

对于 SCHISM 二维模型应用时,底摩阻系数 C_d 一般采用 Manning-Strickler 公式[16]求得,即:

$$C_d = \frac{gn^2}{H^{1/3}} \tag{6-5}$$

式中:n 为糙率;g 为重力加速度;H 为水深。因曼宁系数无法直接测量得出,往往是假定经验值后,经模型多次试验率定得出[17];对于 SCHISM 三维模型,底摩阻系数常采用底部粗糙高度,采用公式计算得到:

$$C_d = k^2\bigg/\left[\ln\!\left(\frac{z_{ab}}{z_0}\right)\right]^2 \tag{6-6}$$

式中:k 为卡门常数;z_{ab} 为底部水平流速网格点距床面的距离;z_0 为河床粗糙高度。

6.3.2 SCHISM 模型建立与验证

为模拟调水调沙期间,入海水沙的输移扩散规律,利用开源模型 SCHISM,针对黄河下游尾闾河道-黄河口-海洋,考虑多因素影响,构建水动力-波浪-泥沙耦合黄河三角洲三维海洋动力模型。采用非结构网格,河口处分辨率50 m,外海边界处分辨率为 1 000 m,垂向 σ 分层共计11层。地形采用海图、实测水深断面插值以及水边线的方式给出,外海开边界为潮汐边界,近海开边界为入流边界,考虑的动力因素与物理过程主要为河流、潮汐潮流、三维湍流、气象因素(风、空气温度、压力和比湿度、降水率、长短波太阳辐射通量等)、温度、盐度、泥沙时间序列等。河流边界入流水沙数据来自黄河水利委员会利津站径流泥沙资料,潮汐驱动为 FES2014 调和常数,波浪驱动为 WWM 模型,气象因素来自美国国家环境预报中心(NCEP)的分析资料。模型验证资料中潮高验证资料主要为 2017 年环渤海 18 个验潮站数据,潮流与悬沙浓度验证资料主要为围绕现行河口周围分布并向外海延伸的 9 个点位 2017 年观测数据(A1、A2、A3、B1、B2、B3、D1、D2、D3)(数据来源于国家科技基础条件平台——国家地球系统科学数据中心),波浪验证资料为位于渤海中部的观测点 2011 年冬季观测得到的波高与波周期数据。研究区及网格划分如图 6-5 所示,验证资料汇总如表 6-2 所示。

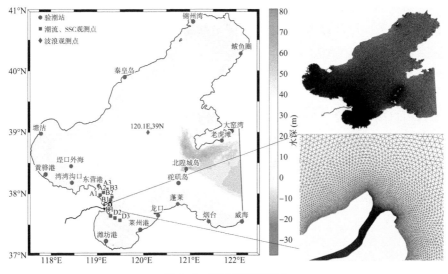

图 6-5 研究区网格划分

表 6-2　水动力、泥沙验证资料

	时间	测点
潮位验证	2017-7-31—2017-8-3	环渤海 18 个验潮站
潮流验证	2017-7-31—2017-8-3	A1、A2、A3、B1、B2、B3、D1、D2、D3
悬浮泥沙浓度验证	2017-7-31—2017-8-3	A1、A2、A3、B1、B2、B3、D1、D2、D3
波浪验证	2011-11-27—2011-12-3	(120.1E,39N)

　　模拟结果的准确性验证分析,主要通过三个参数:皮尔逊相关性系数(r)、决定分数(R^2)以及均方根误差($RMSE$)[18]。其计算公式如下:

$$r = \frac{\sum (X_{\mathrm{mod}} - \overline{X}_{\mathrm{mod}})(X_{obs} - \overline{X}_{obs})}{\sqrt{\left[\sum (X_{\mathrm{mod}} - \overline{X}_{\mathrm{mod}})^2 \sum (X_{obs} - \overline{X}_{obs})^2 \right]}} \tag{6-7}$$

$$R^2 = 1 - \frac{\sum (X_{\mathrm{mod}} - X_{obs})^2}{\sum (X_{\mathrm{mod}} - \overline{X}_{obs})^2} \tag{6-8}$$

$$RMSE = \sqrt{\frac{\sum (X_{\mathrm{mod}} - X_{obs})^2}{N}} \tag{6-9}$$

　　由图 6-6(a)、图 6-6(b)、图 6-6(c)、图 6-6(d)以及图 6-6(e)可知,模型潮位模拟值与分布于环渤海的 18 个验潮站数据相比较,验证结果良好;潮流模拟值与观测点数据相比较,可以发现虽然个别点位数据存在偏差,但大多数点位验证结果良好,数据偏差的原因主要是地形变化较为剧烈;波浪模拟值与观测点数值验证结果较好。为更好地研究入海泥沙的悬浮扩散过程,选取分布于现行河口周围向海延伸的多个观测点进行验证,模拟数据与观测数据虽然存在差异,但整体上验证结果还较理想,差异的主要原因是海床泥沙组分采用特征粒径,并且海床泥沙起动主要受切应力影响,这就使得再悬浮泥沙的分布与实际出现差异。综上所述,三维水动力及悬浮泥沙空间分布验证良好,模型可以用于进一步研究。

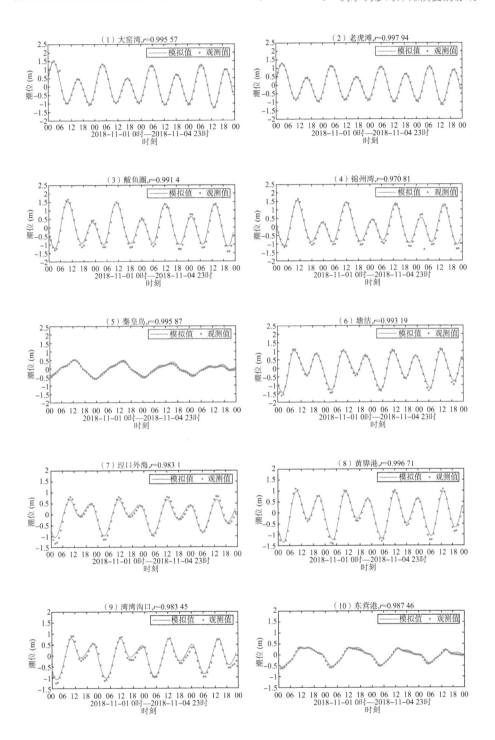

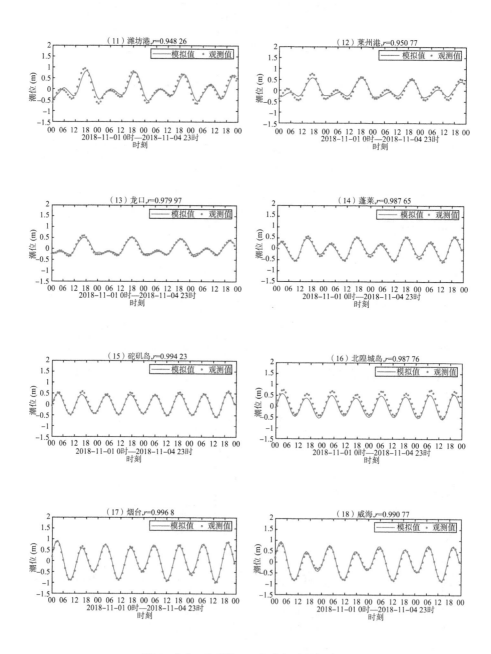

图 6-6(a)　环渤海 18 个验潮站潮位验证

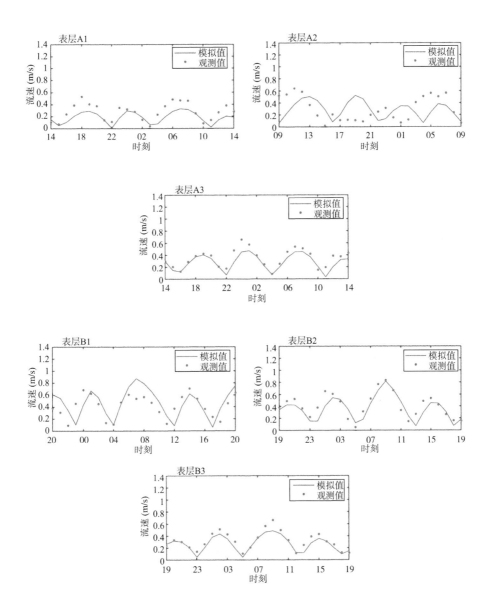

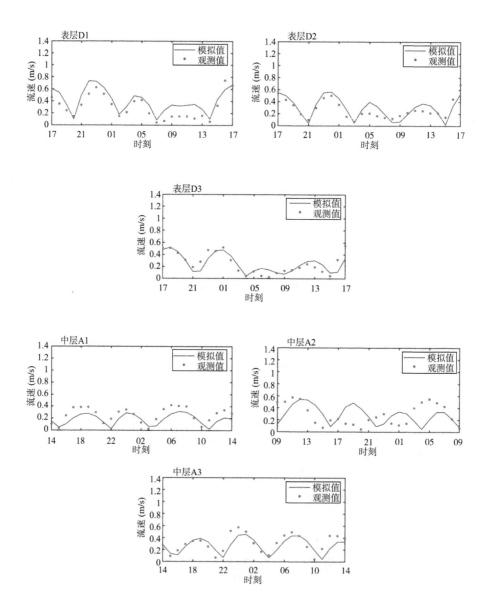

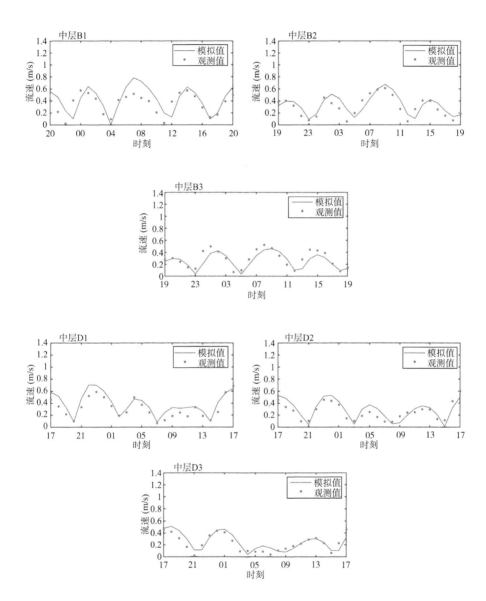

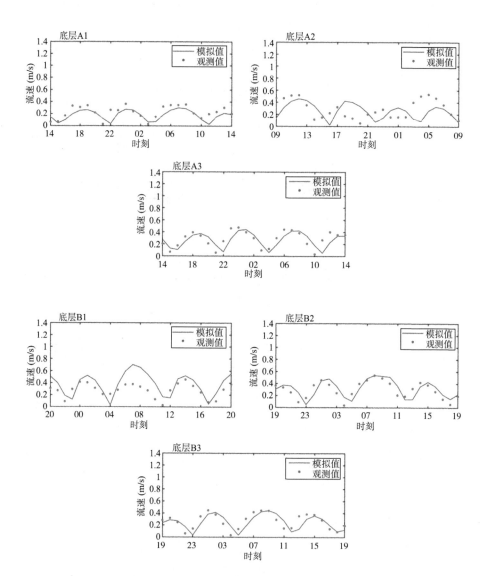

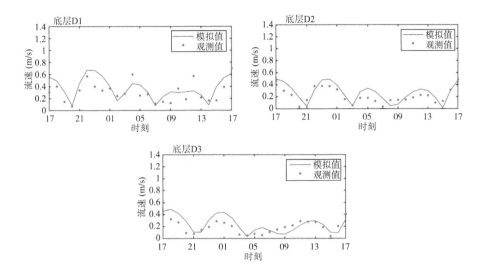

图 6-6(b) 潮流流速验证

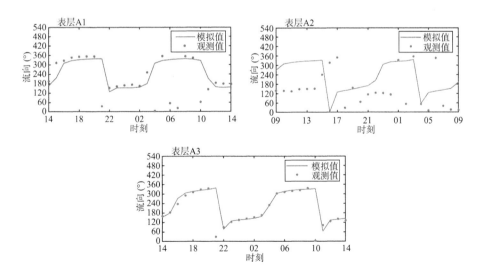

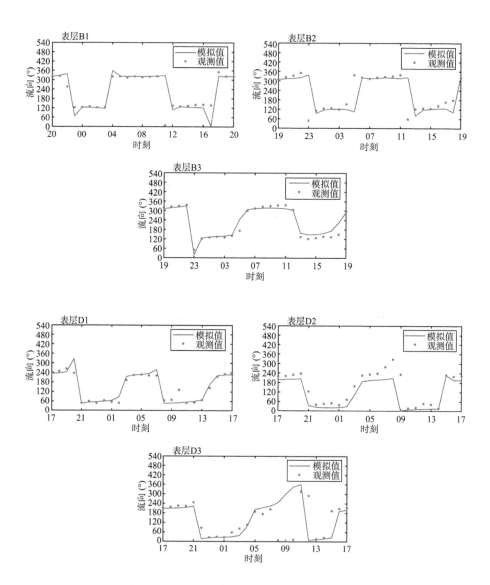

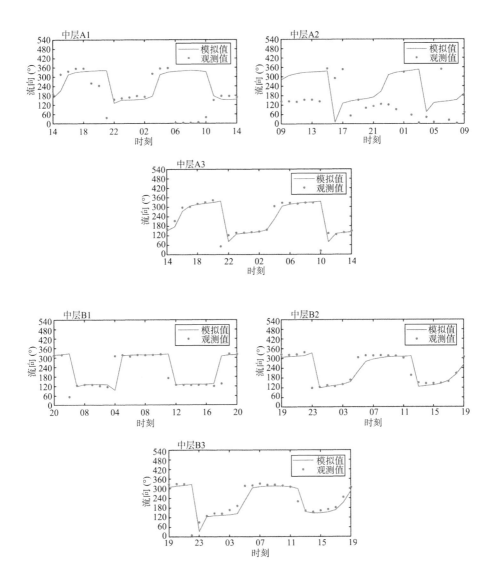

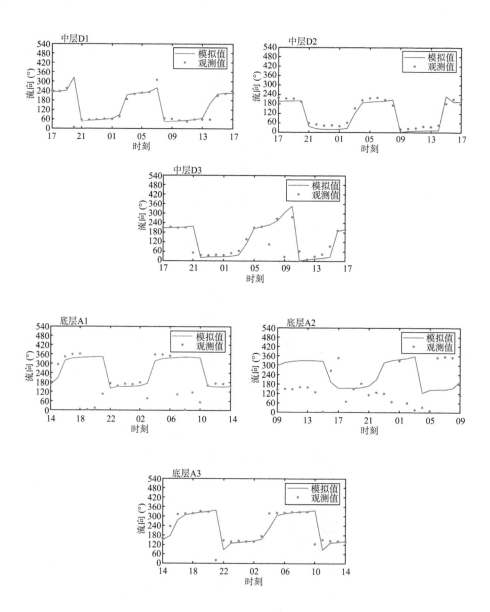

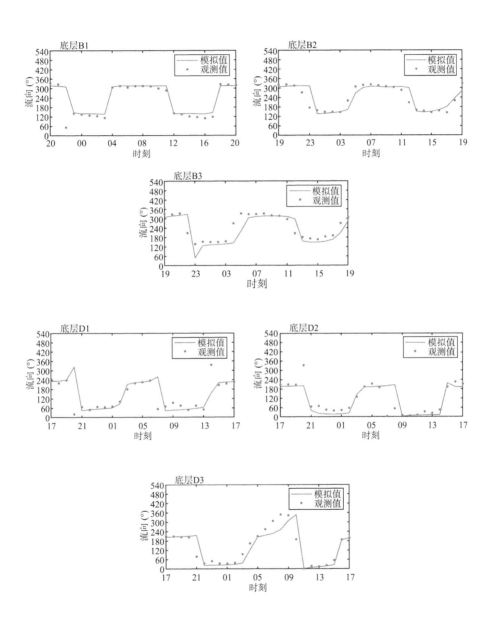

图 6-6(c)　潮流流向验证

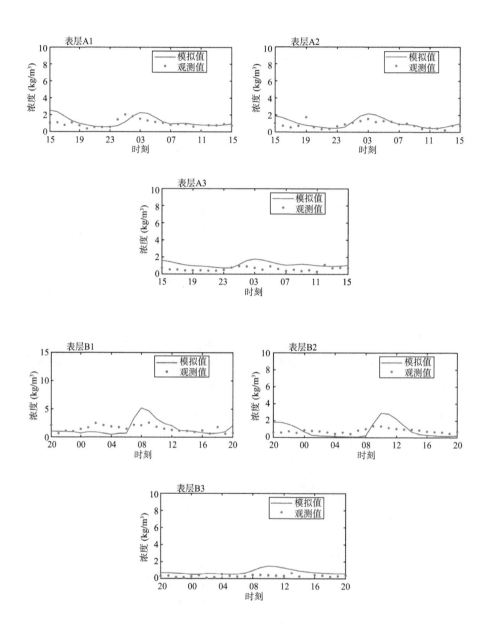

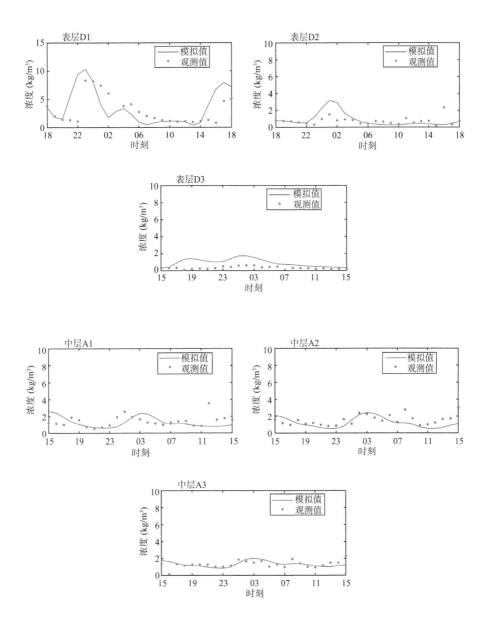

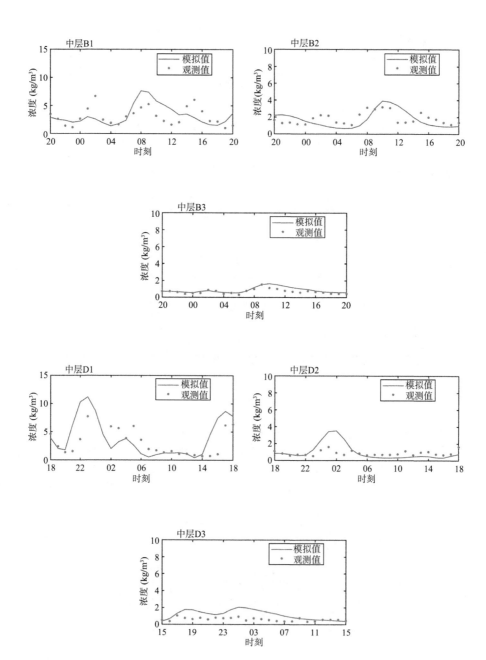

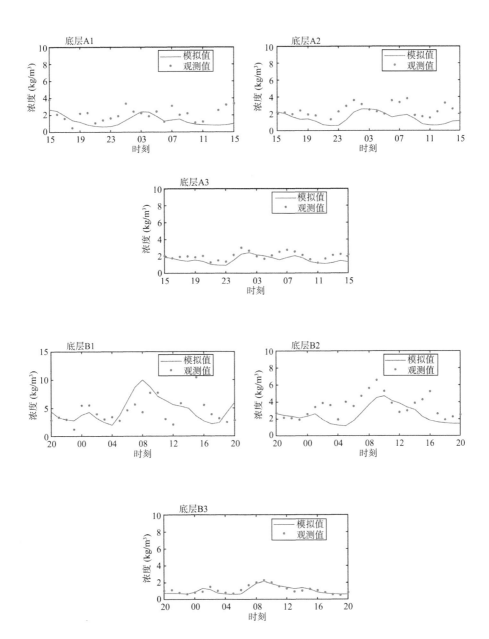

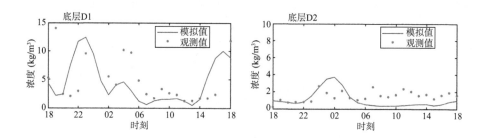

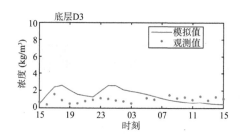

图 6-6(d)　悬浮泥沙浓度验证

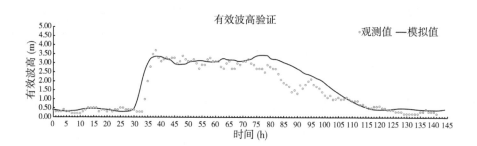

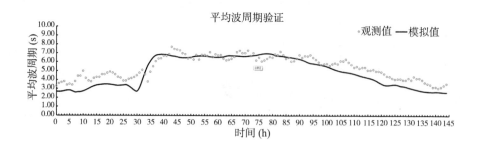

图 6-6(e)　波浪波高与平均波周期验证

6.3.3 泥沙输运分析

为分析调沙年与非调沙年泥沙输运的规律,选取 2017 年与 2018 年数据,设置 4 种工况,探究泥沙输运规律。具体如表 6-3 所示。

表 6-3 工况设置

工况	时间	时长(日)	流量(m³/s)	含沙量(kg/m³)	备注
RUN1	2017-6-21—2017-7-23	32	逐时序列	逐时序列	以利津站径流与泥沙逐时序列输入
RUN2	2018-6-21—2018-7-23	32	逐时序列	逐时序列	以利津站径流与泥沙逐时序列输入
RUN3	2018-6-21—2018-7-23	32	2 233.123 6	12.538 8	计算时间内径流泥沙逐时均值输入
RUN4	2018-6-21—2018-7-23	32	1 506.386 4/*2 670.680 0	2.813 6/*18.394 2	以2018 年 7 月 3 日调水调沙开始为分界,前后采用各自计算时间内径流泥沙均值

注:"/"前数据为 6 月 21 日—7 月 3 日的平均流量;"/"后数据为 7 月 3 日—7 月 23 日的平均流量。

如表 6-3 所示:

工况 1:2017 年因来水量较往年偏低,调水调沙中断,为非调水调沙年份,因此入海径流泥沙较往年偏低;

工况 2:2018 年来水量增长,调水调沙恢复,2018 年 7 月 3 日,调水调沙开始,持续 18 天,第一阶段为泄流冲沙阶段,第二阶段为排沙阶段;

工况 3:参考 2018 年调水调沙过程,开展数值试验,在模拟时间内,入流边界取全过程模拟阶段的径流泥沙平均值;

工况 4:数值试验,在模拟时间内,以 7 月 3 日为节点,节点前后,入流边界取各自径流泥沙平均值。

结果分析:

对于工况 1(RUN1),由图 6-7(a)与图 6-7(b)可知,非调水调沙年涨潮时存在两个悬浮泥沙中心,主要存在于北部刁口河(顶部)与清水沟老河口东南侧(底部)。涨潮与落潮时,表层悬沙浓度均小于底层悬沙浓度;对于底部悬沙中心,落潮时底层悬沙浓度显著大于涨潮悬沙浓度;顶部悬沙中心,落潮时底层悬沙浓度则小于涨潮悬沙浓度。

对于工况 2(RUN2),由图 6-8(a)与 6-8(b)可知,调水调沙时,入海水沙量较大,涨、落潮时表、底层泥沙扩散范围远大于较低流量时,底层泥沙浓度高于表层;涨潮时表层泥沙主要向河口南侧扩散,而落潮时表层泥沙随潮向河口南侧扩散;入海泥沙主要沿岸线向河口两侧扩散,在河口主要集中在 10~12 m 等深线以内。

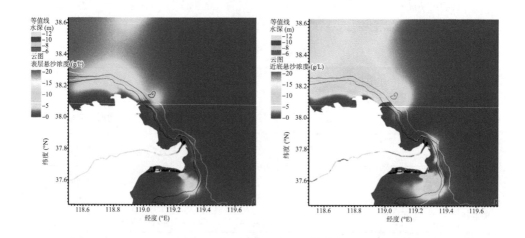

图 6-7(a)　2017 年 6 月 28 日 0 时涨潮表层(左)与底层(右)悬沙浓度分布

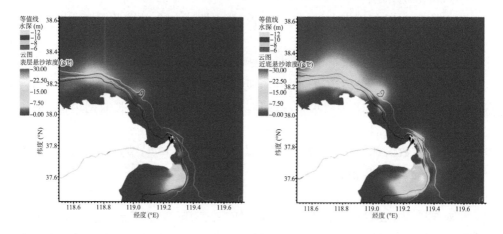

图 6-7(b)　2017 年 7 月 21 日 02 时落潮表层(左)与底层(右)悬沙浓度分布

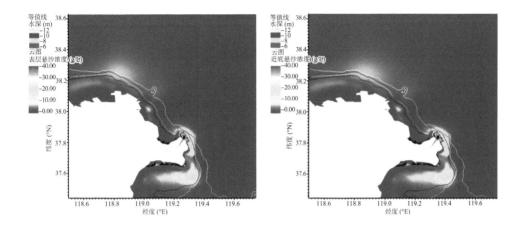

图 6-8(a)　2018 年 7 月 20 日 10 时涨潮表层(左)与底层(右)悬沙浓度分布

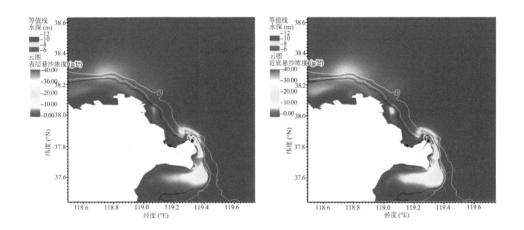

图 6-8(b)　2018 年 7 月 20 日 16 时落潮表层(左)与底层(右)悬沙浓度分布

对于工况 2 与工况 3,由图 6-9(a)可知,入流边界水沙在计算时间内采用统一均值时,与采用逐时时间序列相比较,其表层悬沙浓度:整体波动较小;在调水调沙开始前,悬沙浓度偏高;在调水调沙开始后,悬沙浓度又偏低。

对于工况 2 与工况 4,由图 6-9(b)可知,以调水调沙为分界,入流边界水沙在调水调沙开始前后,采用各自计算时间均值时,其表层悬沙浓度:整体波动较小;在调水调沙开始前,悬沙浓度基本保持一致;在调水调沙开始一段时间内,悬沙浓度偏高;之后悬沙浓度处于偏低状态,波动性较小。

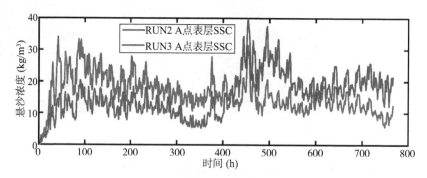

图 6-9(a)　工况 2 与工况 3 表层悬沙浓度对比图

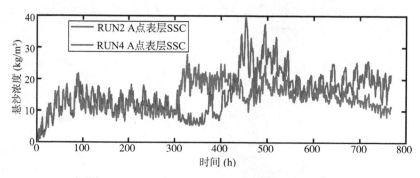

图 6-9(b)　工况 2 与工况 4 表层悬沙浓度对比图

为分析入海泥沙向海扩散情况,如图 6-10 所示,在河口 10 m 水深线内外侧选取点 A(119.278 2°E,37.874 1°N)、点 B(119.286 1°E,37.893 8°N),分析两点处悬浮泥沙浓度变化。由图 6-11(a)、图 6-11(b)可知,在调水调沙期前后,无论是表层还是底层,A 点处悬浮泥沙浓度整体要大于 B 点,底层悬浮泥沙浓度值要大于表层悬浮泥沙浓度值;入海泥沙向海扩散至 10 m 等深线左右。

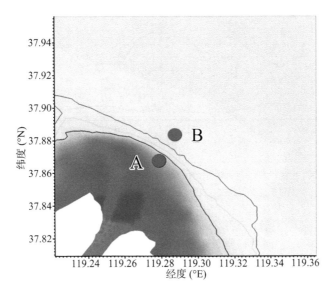

图 6-10 河口 10 m 水深线内外测点分布

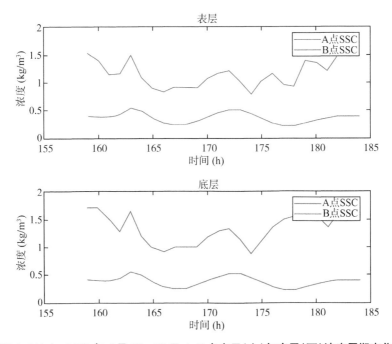

图 6-11(a) 2018 年 6 月 27—28 日 A、B 点表层(上)与底层(下)浓度周期变化

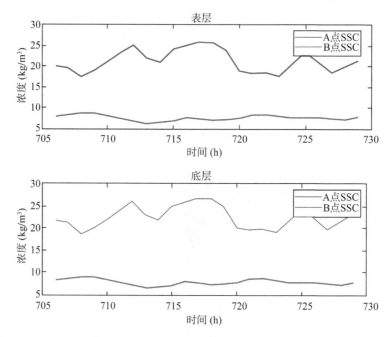

图 6-11(b) 2018 年 7 月 20—21 日 A、B 点表层(上)与底层(下)浓度周期变化

由图 6-12 可知,本研究数值模型显示在调水调沙期间黄河口近岸海域涨落潮流转换时刻皆存在着河口切变锋,其切变锋在涨、落潮时皆持续约 2 h,河口切变锋[19-20]是限制入海泥沙进一步向海扩散的主要原因。

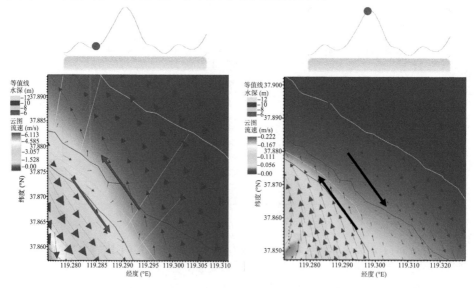

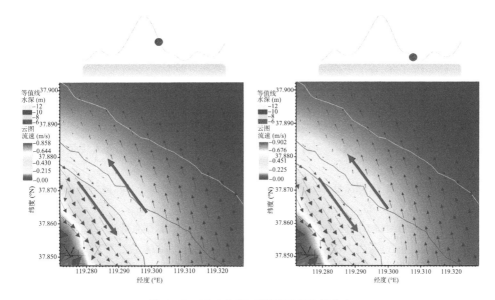

图 6-12　2018 年河口涨落潮切变锋分布

6.4　本章小结

　　本章通过分析黄河三角洲近 60 年入海水沙规律变化,发现入海水沙量存在两个阶段,其中,1997 年至 2002 年为两个阶段过渡段,向前为阶段一,向后为阶段二,阶段一呈现水沙下降特征,阶段二呈现水沙上升特征。阶段二内实施调水调沙工程,对水沙分布特征产生的影响主要体现在汛期内的日尺度分布规律,并没有改变季节尺度规律分布。调水调沙使得短期内大量的泥沙入海,改变了以往的泥沙扩散分布规律,对三角洲地貌也将产生影响。利用 SCHISM 三维水动力数值模型,对现代黄河三角洲河口泥沙输运扩散进行模拟,探究了调水调沙过程中泥沙输运特征,同时为深入研究黄河三角洲入海泥沙输运拓宽了数值方法。

主要参考文献

[1] 李国英.黄河调水调沙[J].人民黄河,2002(11):1-4,46.

[2] 钱宁张,张仁,赵业安,等.从黄河下游的河床演变规律来看河道治理中的调水调沙问题[J].地理学报,1978(1):13-24.

[3] 胡春宏,张治昊.黄河口尾闾河道平滩流量与水沙过程响应关系[J].水科学进展,

2009,20(2):209-214.

［ 4 ］胡春宏,张治昊.黄河口尾闾河道横断面形态调整及其与水沙过程的响应关系[J].应用基础与工程科学学报,2011,19(4):543-553.

［ 5 ］陈沈良,谷硕,姬泓宇,等.新入海水沙情势下黄河口的地貌演变[J].泥沙研究,2019,44(5):61-67.

［ 6 ］庞家珍.论黄河三角洲流路演变及河口治理的指导原则[J].人民黄河,1994(5):1-4,61.

［ 7 ］庞家珍.黄河三角洲流路演变及对黄河下游的影响[J].海洋湖沼通报,1994(3):1-9.

［ 8 ］陈沈良,于守兵,凡姚申.现行黄河口区的水沙动力与汊道演变[J].人民黄河,2022,44(4):25-30.

［ 9 ］刘清兰,陈俊卿,陈沈良.调水调沙以来黄河尾闾河道冲淤演变及其影响因素[J].地理学报,2021,76(1):139-152.

［10］程心悦.黄河口不同流路入海水沙输运扩散研究[D].上海:华东师范大学,2022.

［11］蔡国富,范代读,尚帅,等.图解法与矩值法计算的潮汐沉积粒度参数之差异及其原因解析[J].海洋地质与第四纪地质,2014,34(1):195-204.

［12］张立奎.渤海湾海岸带环境演变及控制因素研究[D].青岛:中国海洋大学,2012.

［13］Wang J J,Chi Y N,Shi B,et al. Long-term spatiotemporal variability of precipitation and its linkages with atmospheric teleconnections in the Yellow River Basin,China[J]. Journal of water and climate change,2023,14(3):900-915.

［14］Zhang Y L J,Ye F,Stanev E V,et al. Seamless cross-scale modeling with SCHISM[J]. Ocean modelling,2016,102:64-81.

［15］Mathur S R,Murthy J Y. A pressure-based method for unstructured meshes[J]. Numerical heat transfer, Part B: fundamentals,1997,31(2):195-215.

［16］Parker G,Wilcock P R,Paola C,et al. Physical basis for quasi-universal relations describing bankfull hydraulic geometry of single-thread gravel bed rivers[J]. Journal of geophysical research:earth surface,2007,112(F4).

［17］Zheng L Y,Weisberg R H,Huang Y,et al. Implications from the comparisons between two-and three-dimensional model simulations of the Hurricane Ike storm surge[J]. Journal of geophysical research,C. Oceans:JGR,2013,118(7):3350-3369.

［18］Zhang L L,Shi H Y,Xing H,et al. Analysis of the evolution of the Yellow River Delta coastline and the response of the tidal current field[J]. Frontiers in marine science,2023,10.

［19］王厚杰,杨作升,毕乃双.黄河口泥沙输运三维数值模拟 I ——黄河口切变锋[J].泥沙研究,2006(2):1-9.

［20］凡姚申.黄河三角洲近岸海床侵蚀过程及其动力机制[D].上海:华东师范大学,2019.